我最喜歡的分形

卷 2

大衛・E・麥克亞當斯 編劇

本書中的影像是使用 Fractal Forge 建立的。 Fractal Forge 可從 https://sourceforge.net/projects/fractalforge/ 下載。

大衛 • E • 麥克亞當斯 的其他书籍

鹦鹉的颜色 - 使用鹦鹉插图介绍颜色概念。适合学龄前儿童。
花的顏色 - 使用花的插图介绍颜色概念。适合学龄前儿童。
宇宙的顏色 - 使用 NASA 照片介绍颜色概念。适合学龄前儿童。
形状 - 形状介绍。适合学龄前儿童。Numbers（用英语讲）- 数字概念介绍。适合 K-2 年级。
What is Bigger Than Anything (Infinity)（用英语讲）- 无穷大概念介绍。适合 1-3 年级。
Swing Sets (Set Theory)（用英语讲）- 集合论简介。适合 2-4 年级。
One Penny, Two（用英语讲）- 如果杰瑞的分钱每天翻倍，他多久才能买一辆深绿色跑车？适合 3-6 年级。
Learning With Play Money Activity Kit（用英语讲）- 使用超过 1,000,000 美元的游戏币教授大数字和计数。
我最喜歡的分形（第 1、2 卷） - 以高分辨率图像呈现奇妙分形的图画书。适合所有年龄段。
Monster Creatures of the Deep Sea（用英语讲）- 探索海洋最深处，详细了解生态系统和 44 种生活在深海的生物。
All Math Words Dictionary（用英语讲）- 适合初等代数、代数、几何和初等微积分学生的数学词典。
π 的前百万位数字 - 圆周率的前百万位。适合所有年龄段。
欧拉数的前百万位数字 - 欧拉数“e”的前百万位数字。适合所有年龄段。
二的平方根的前百万位数字 - 2 的平方根的前百万位。适合所有年龄段。
前十万个素数 - 前十万个质数。适合所有年龄段。
多面體的展開視圖 - 活動手冊 - 80 个几何网格，可复制、剪切并用胶带粘贴成三维多面体。适合 9 岁及以上儿童。
Geometric Nets Mega Project Book（用英语讲）- 253 个几何网格，可复制、剪切并用胶带粘贴成三维多面体。适合 9 岁及以上儿童。

有关最新列表，请参阅 https://www.DEMcAdams.com。

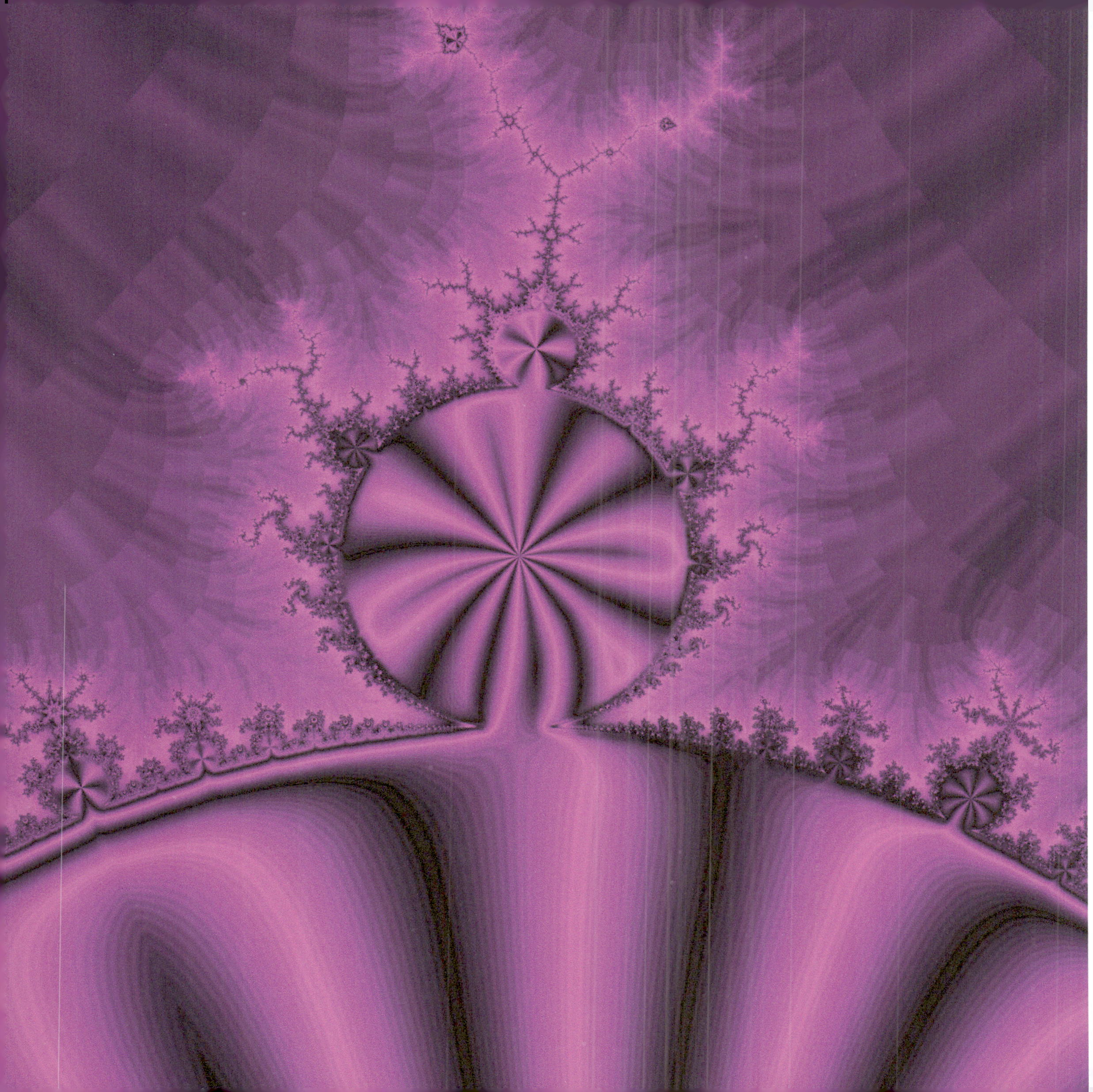

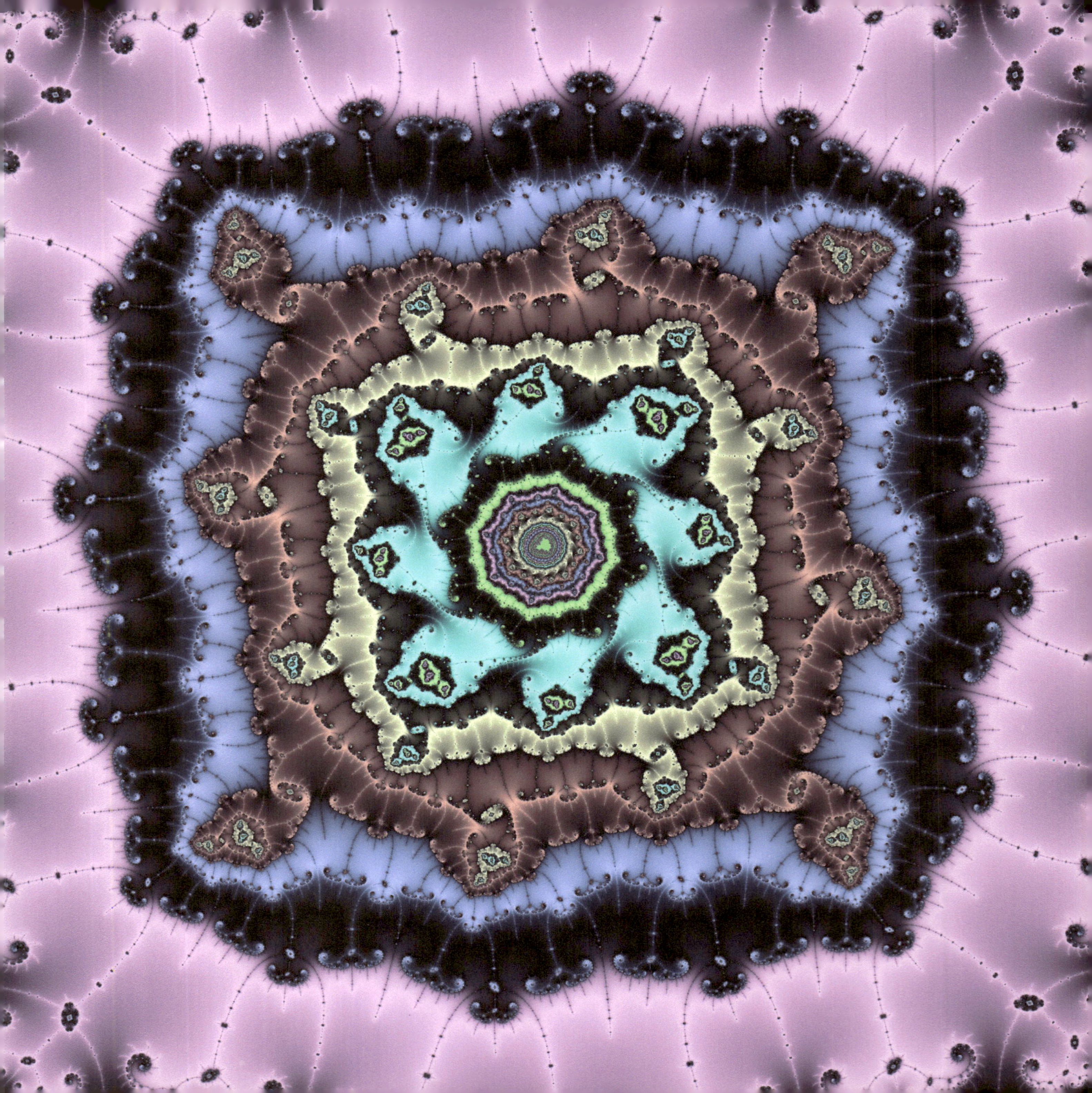

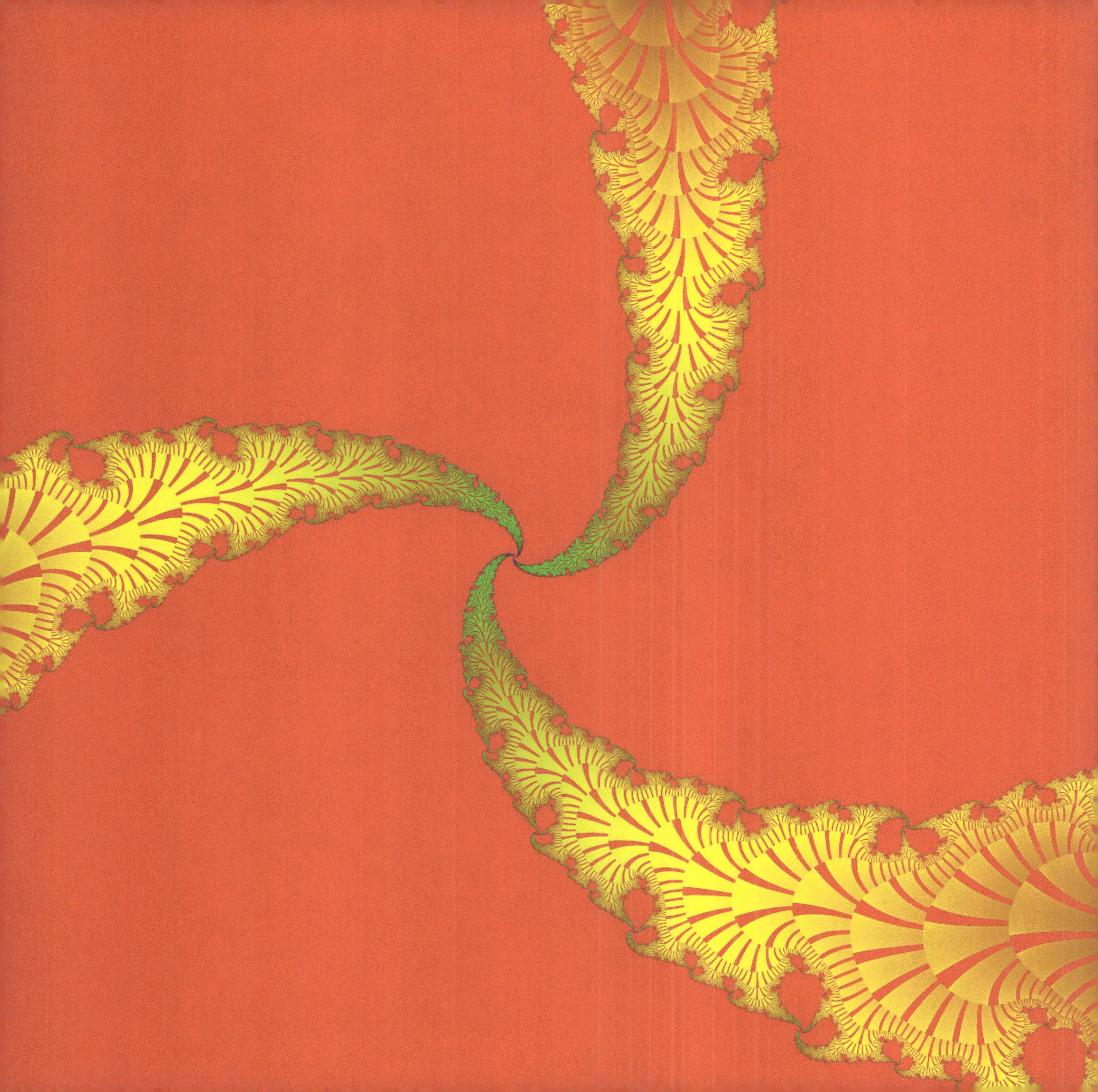

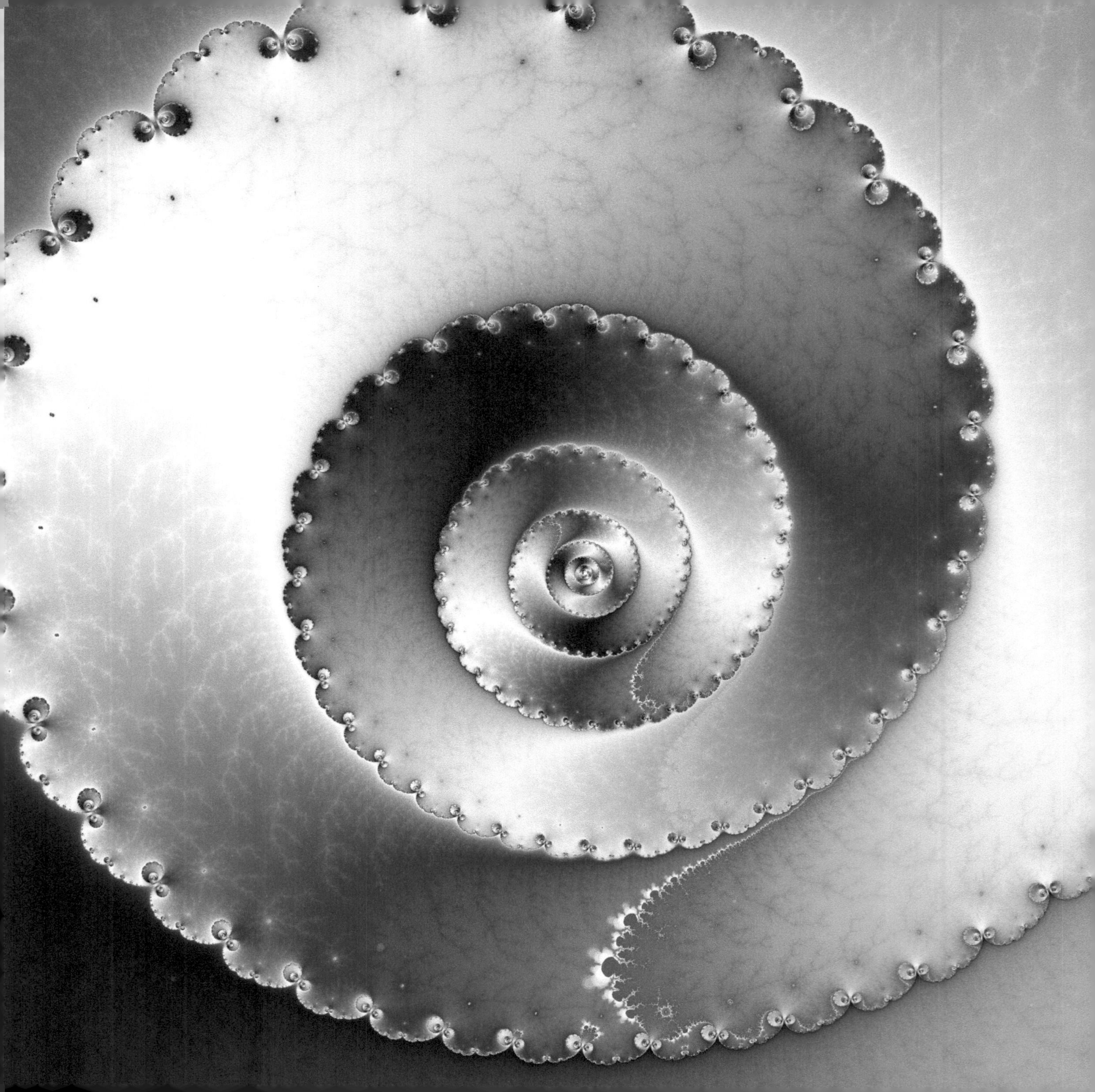

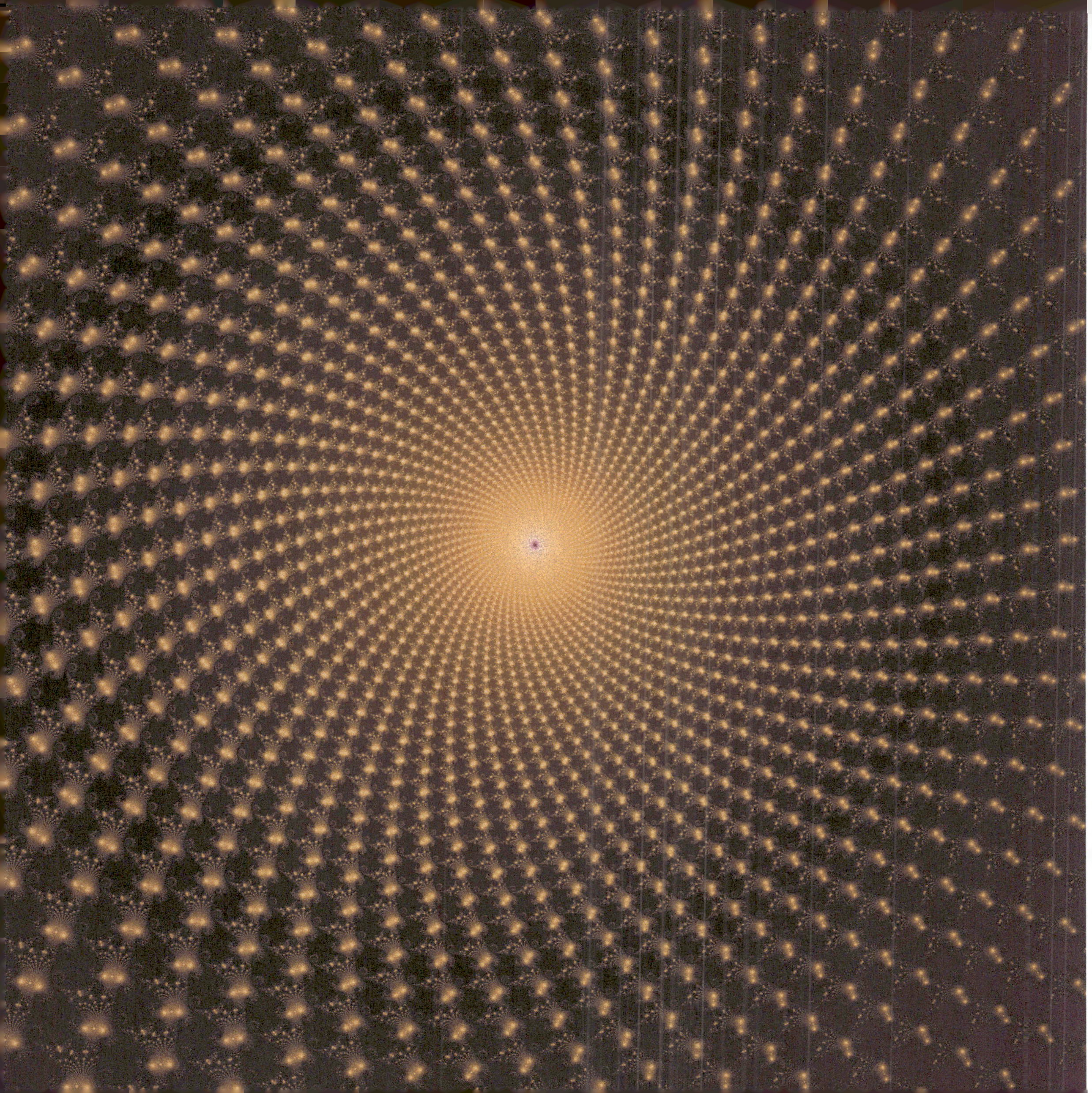

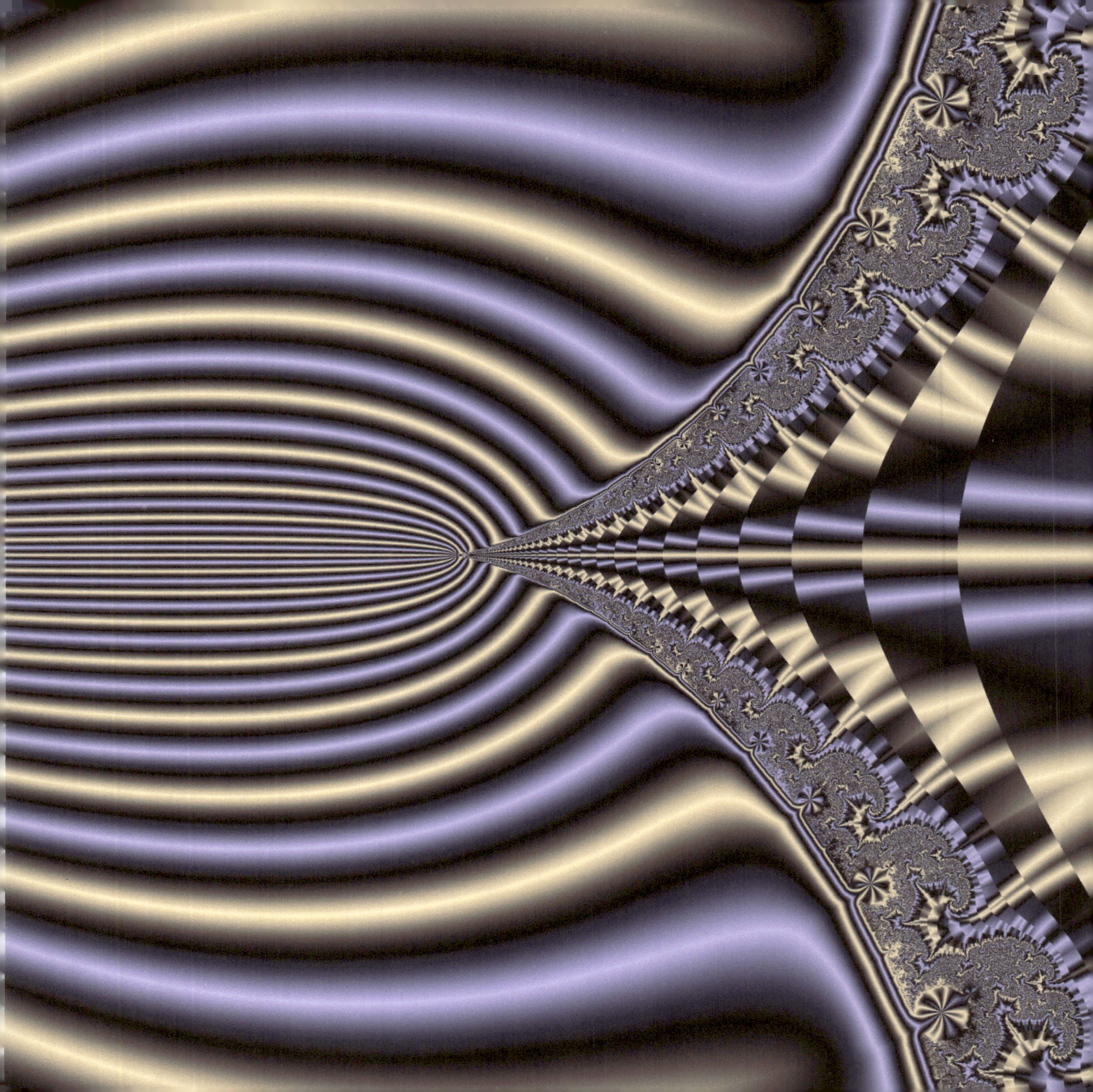

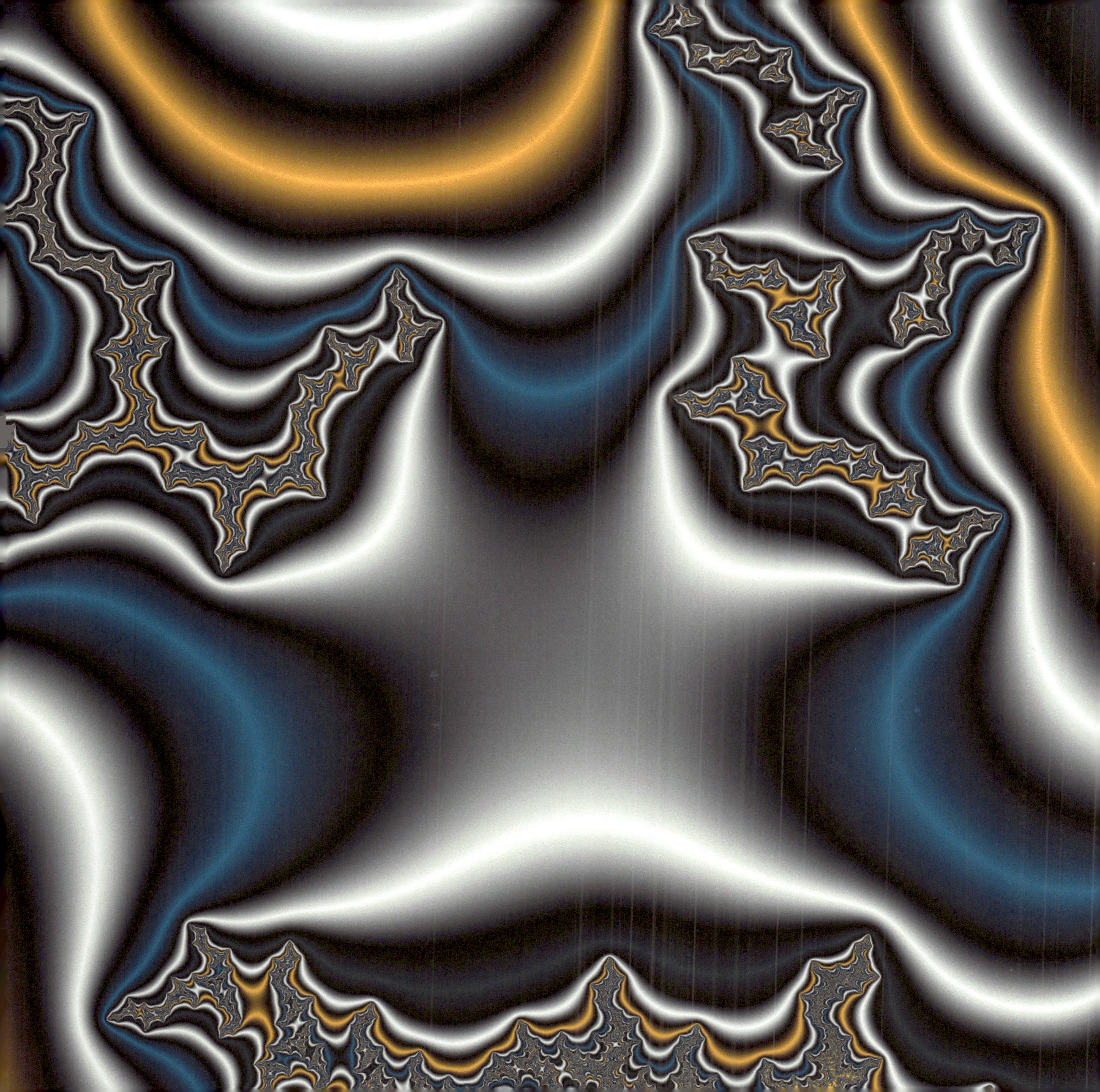

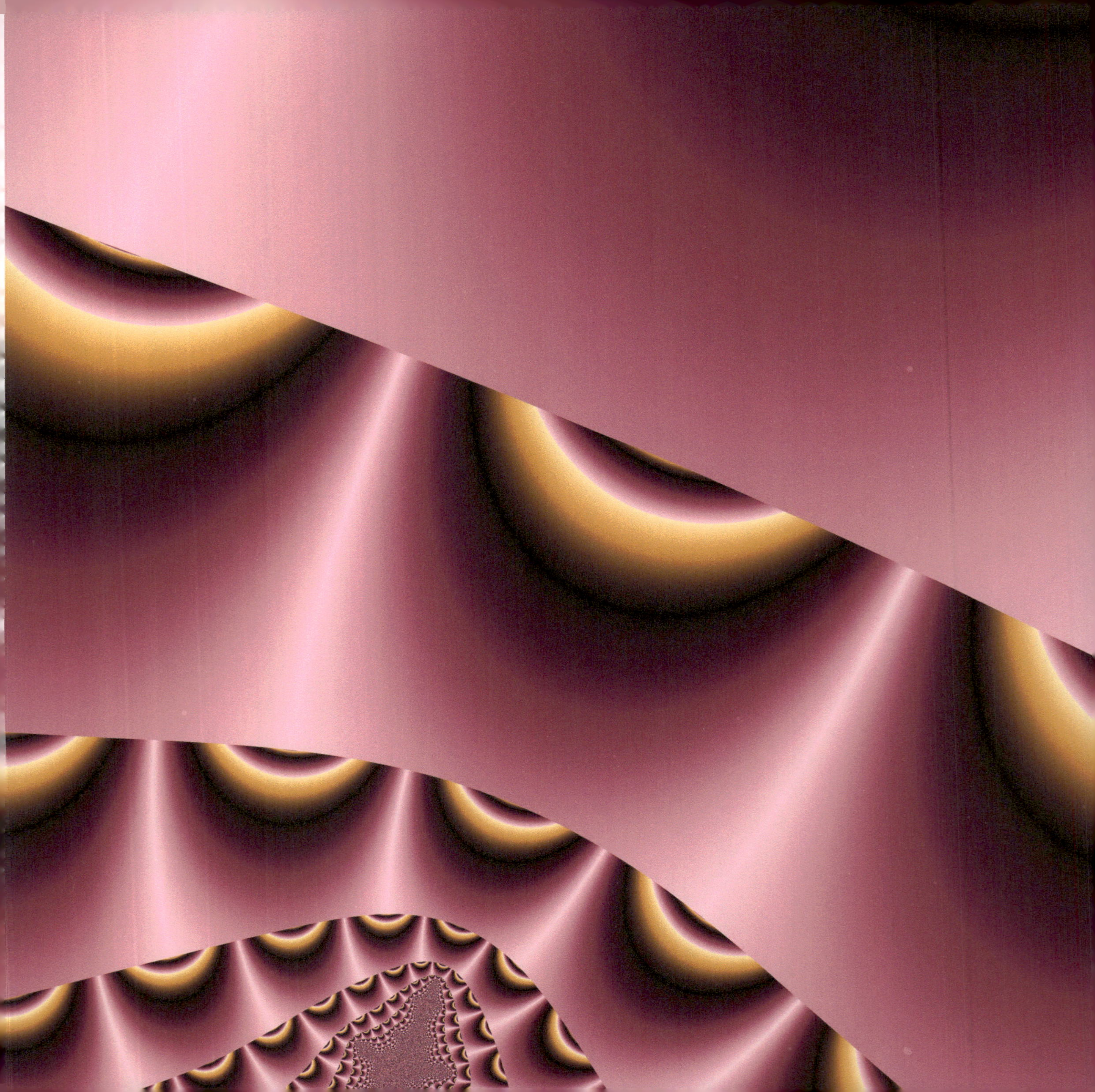

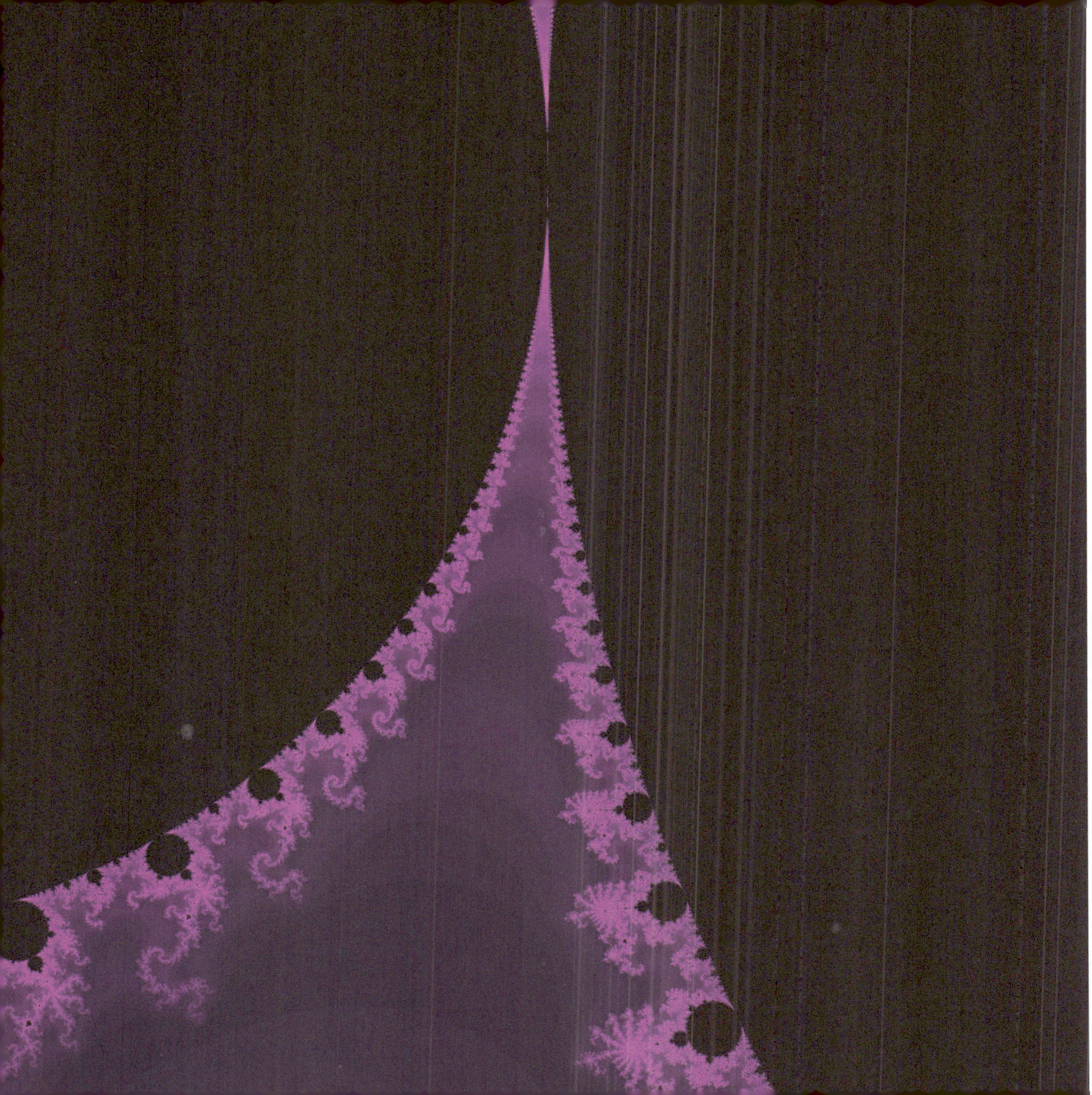

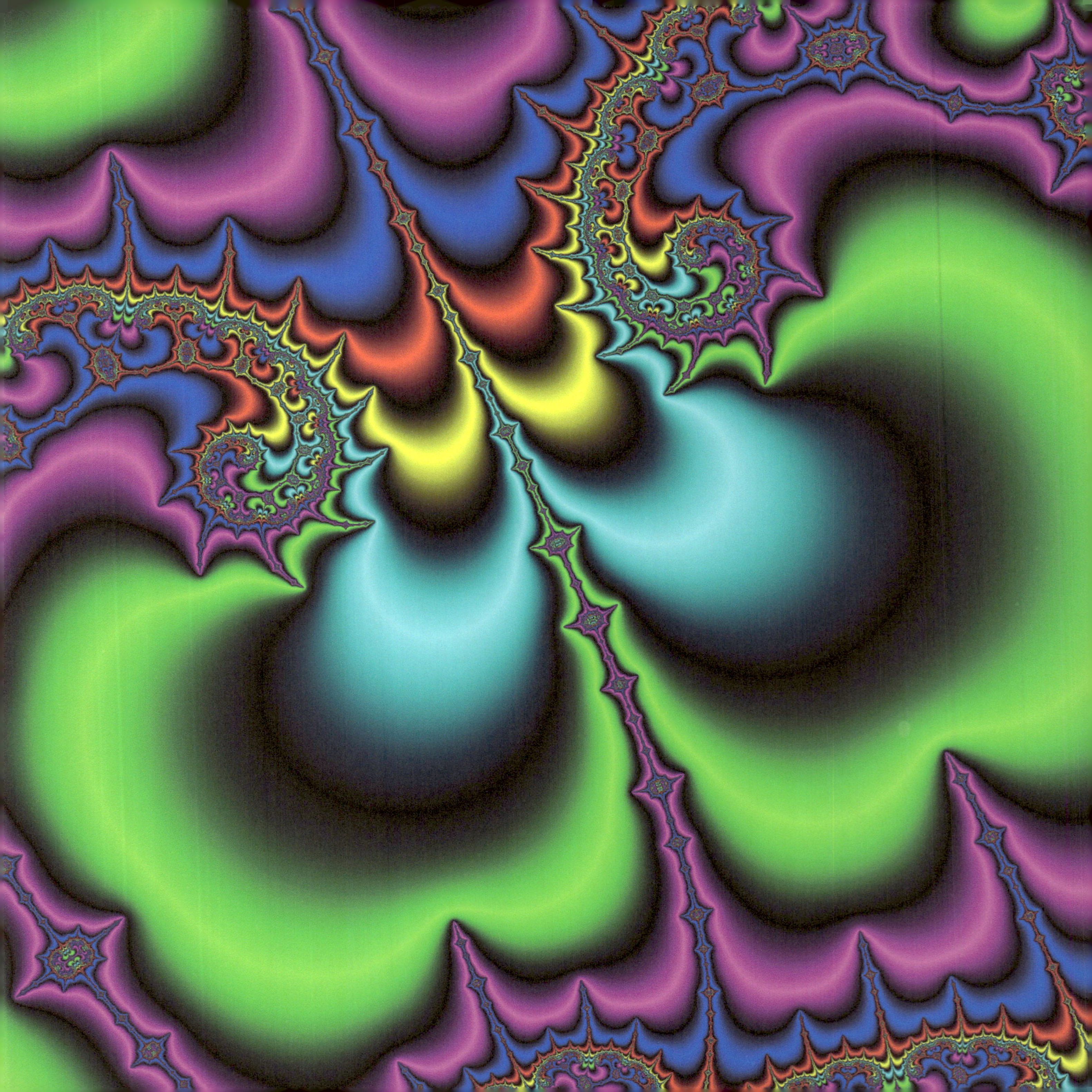

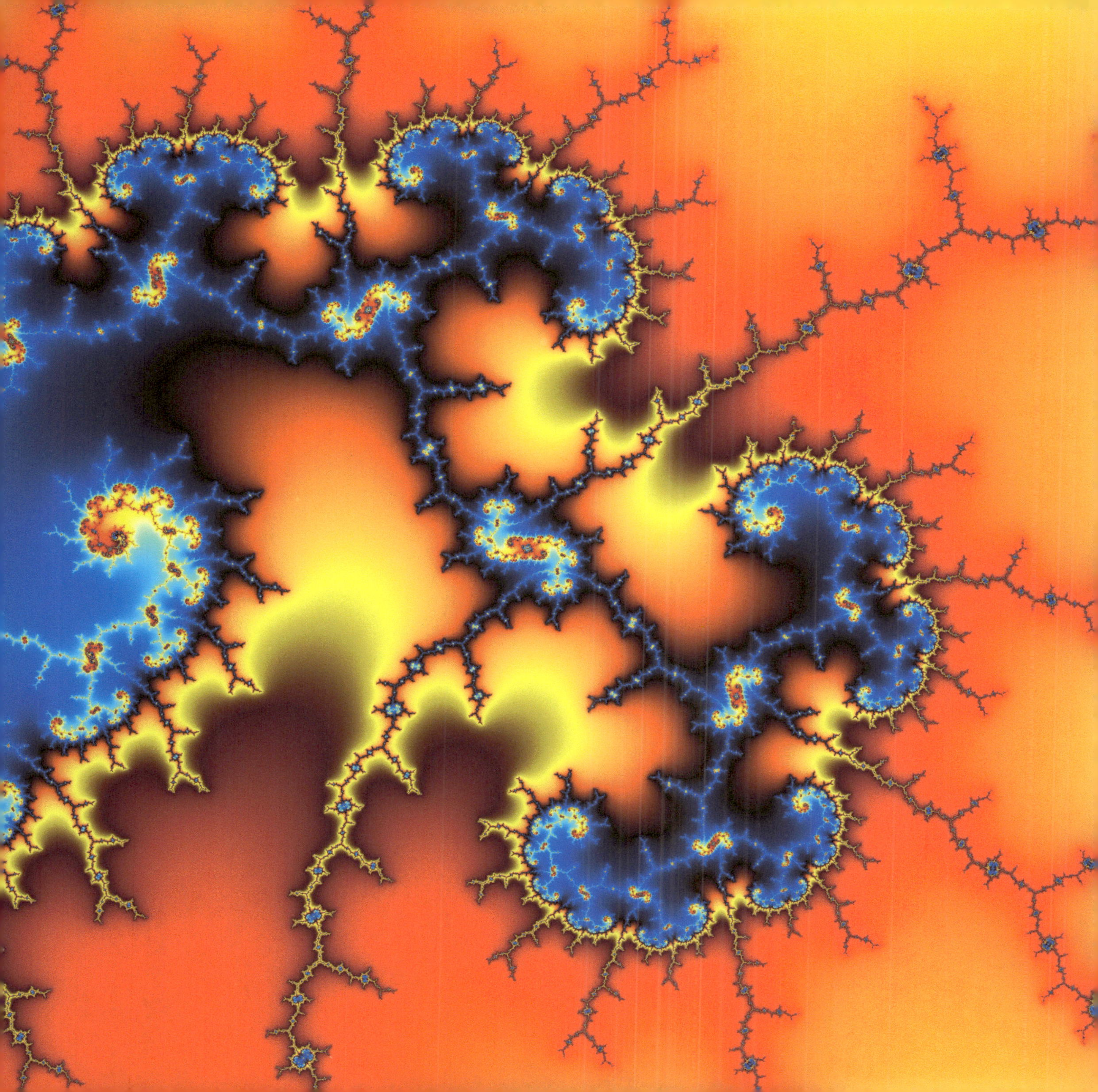

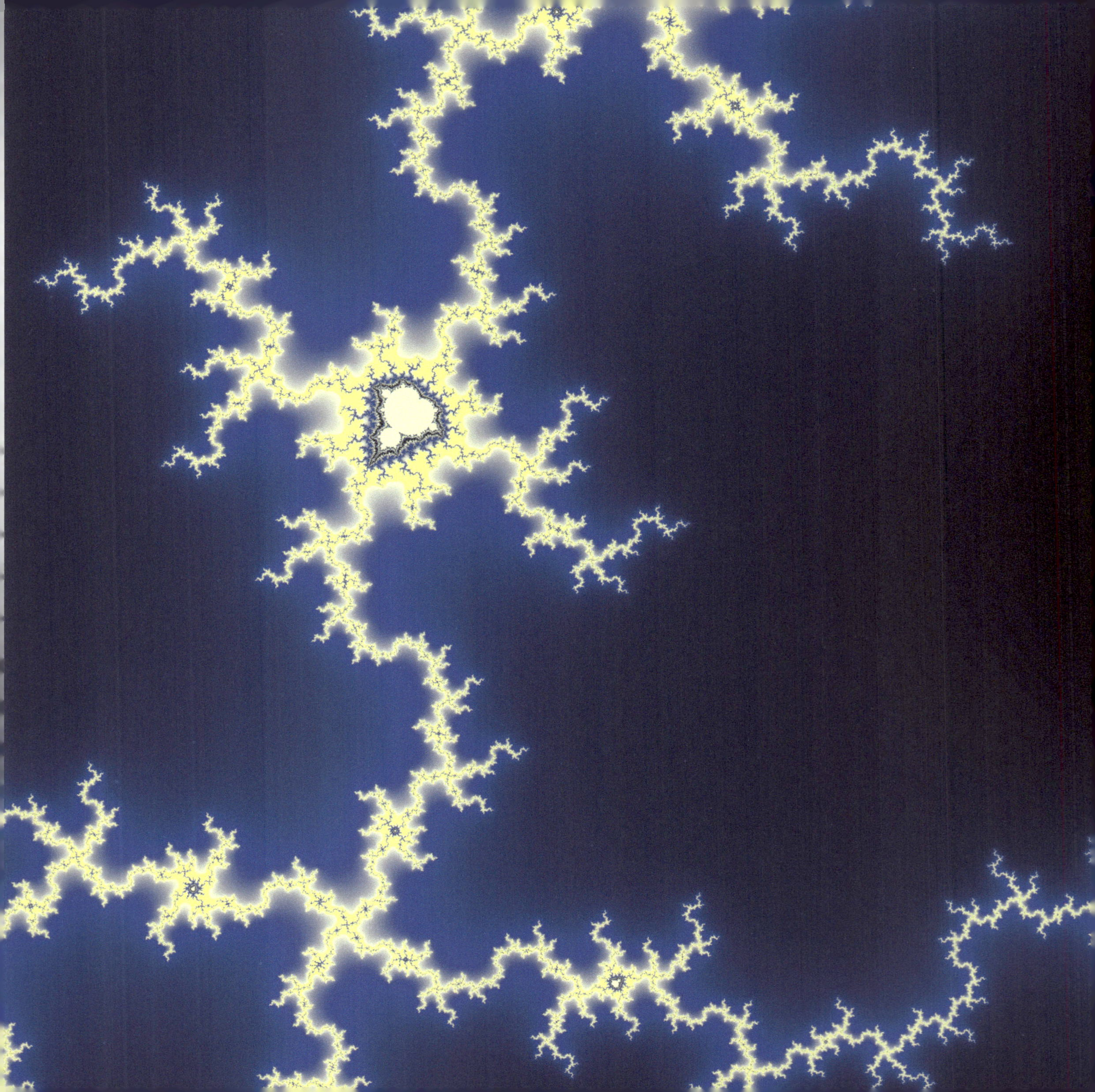

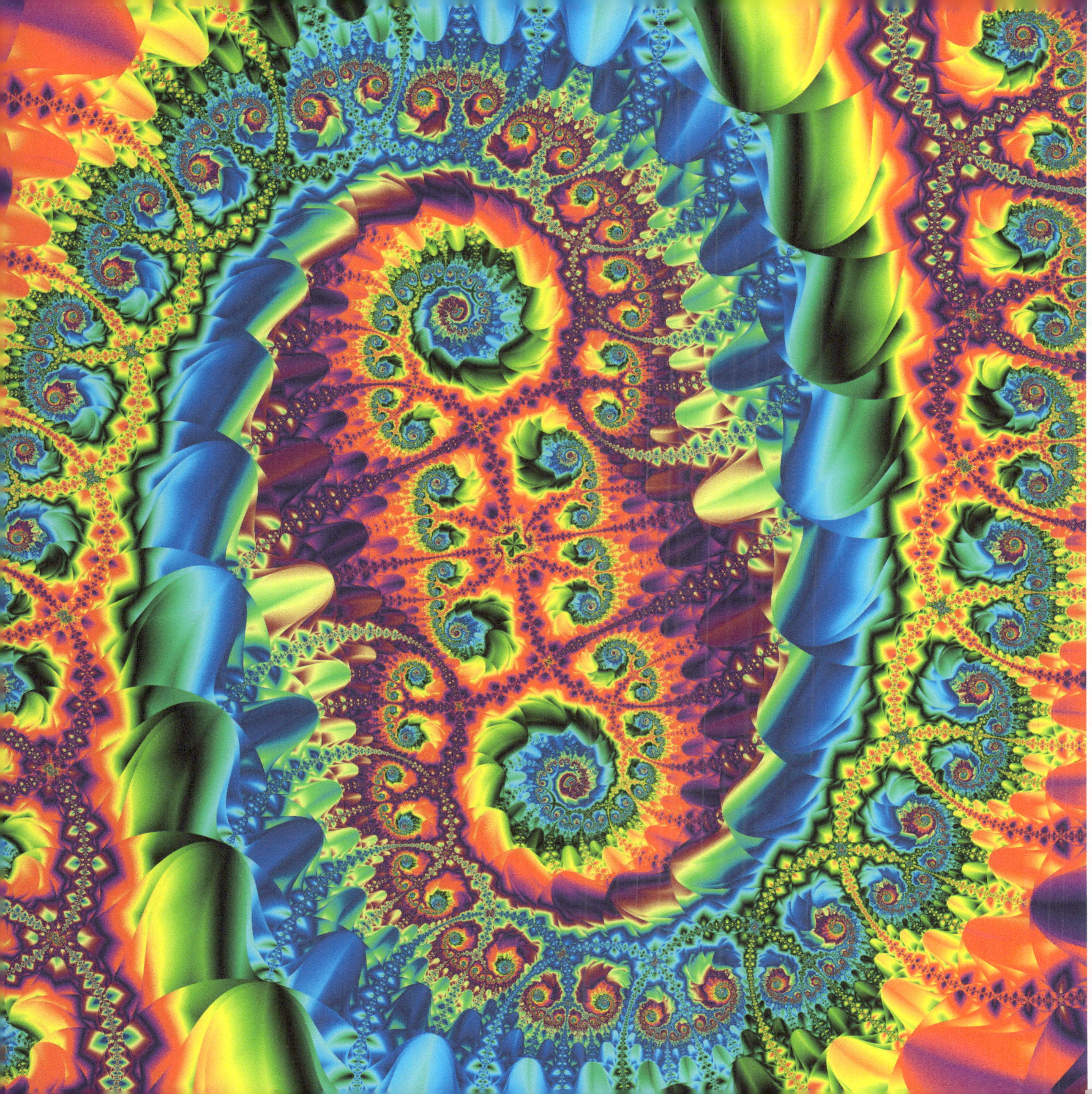

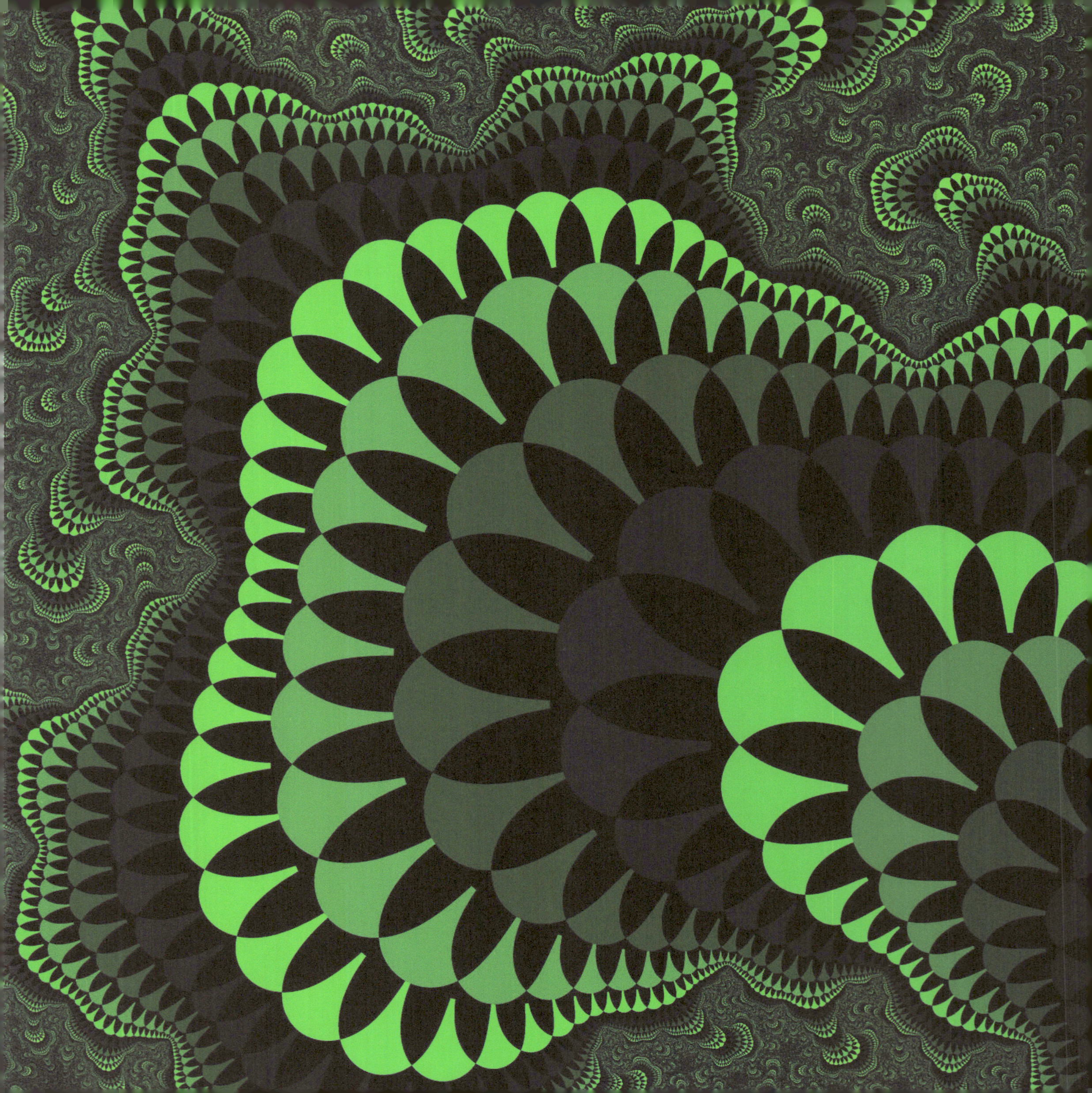

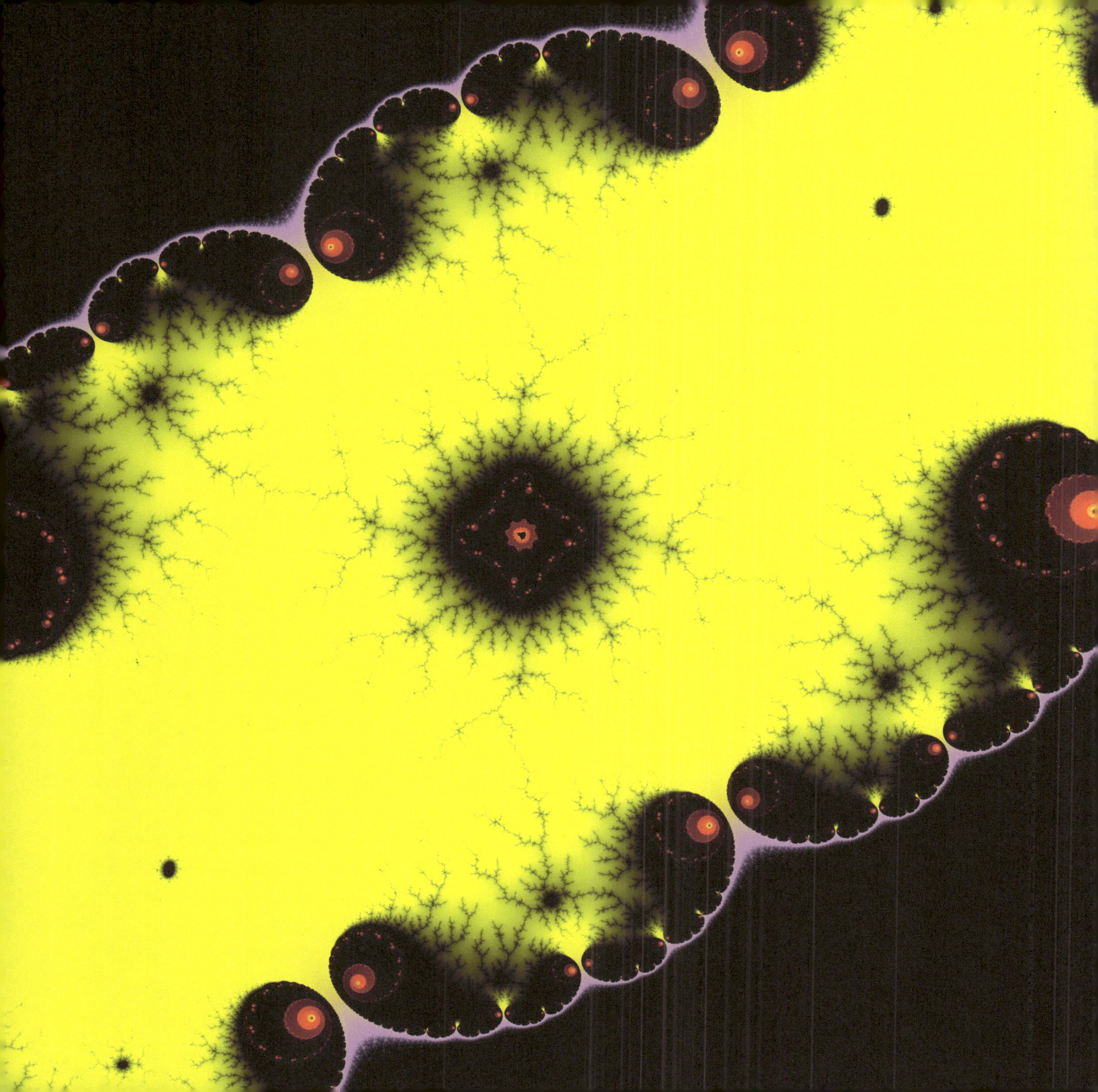

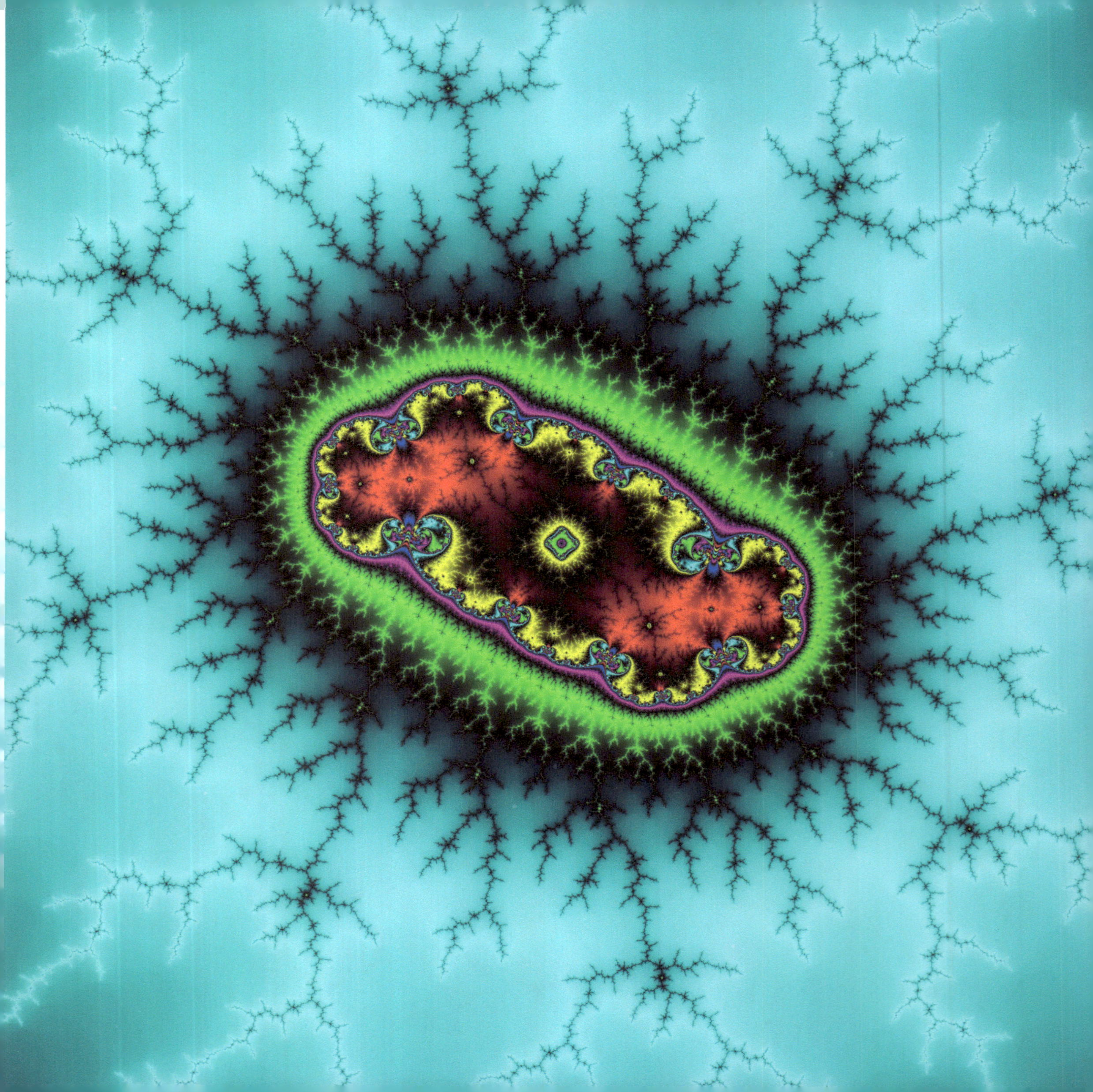

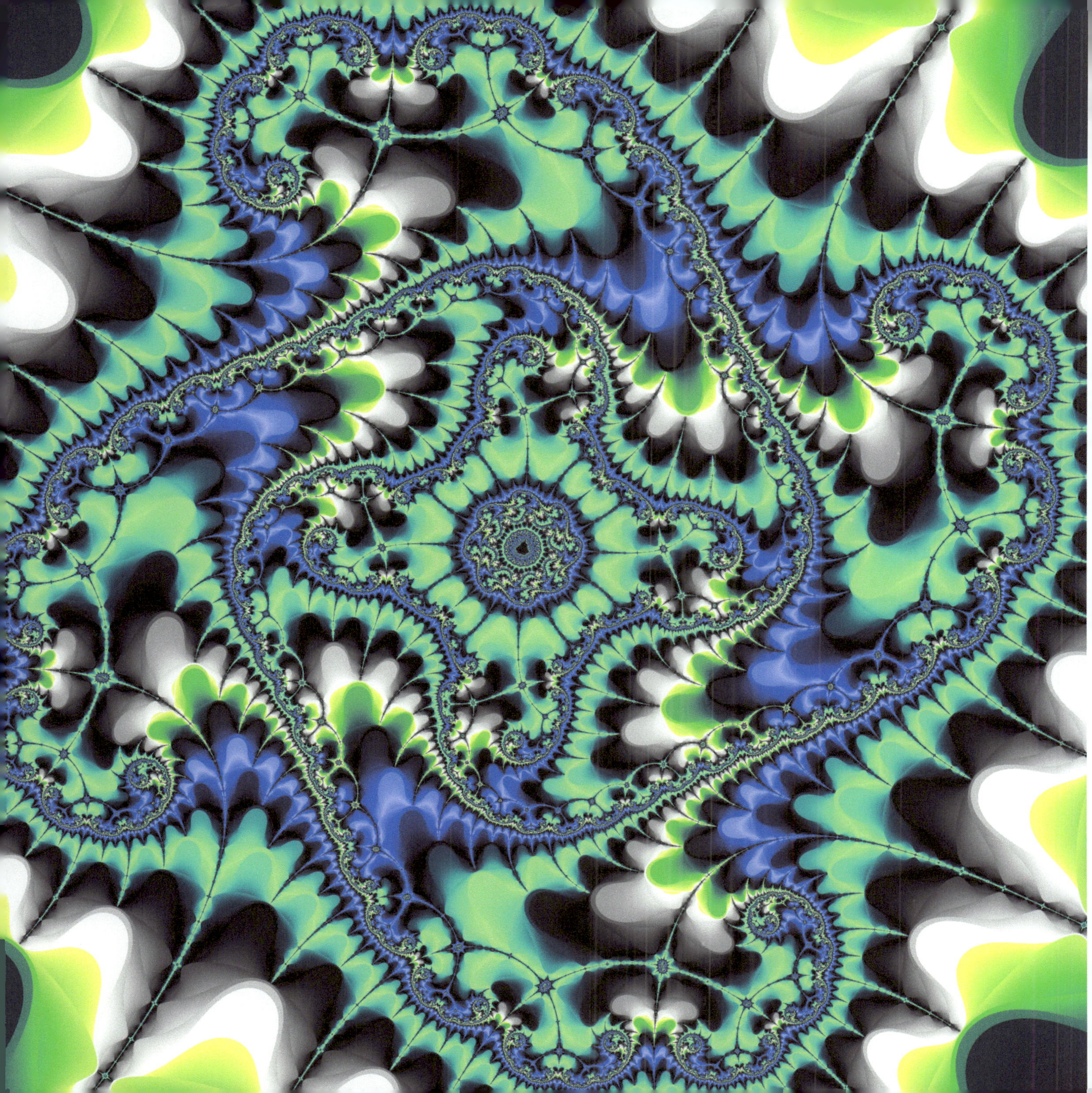

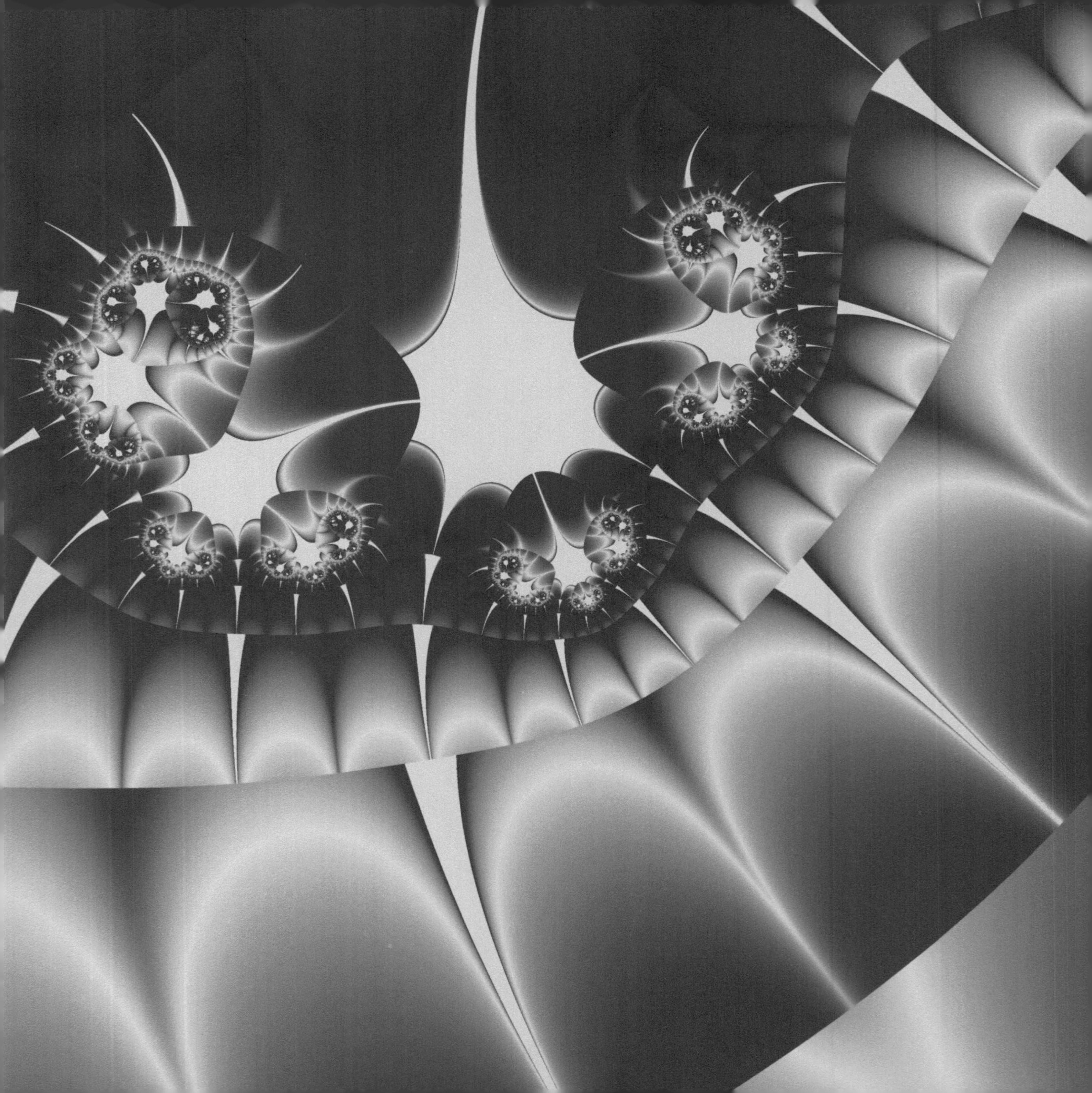

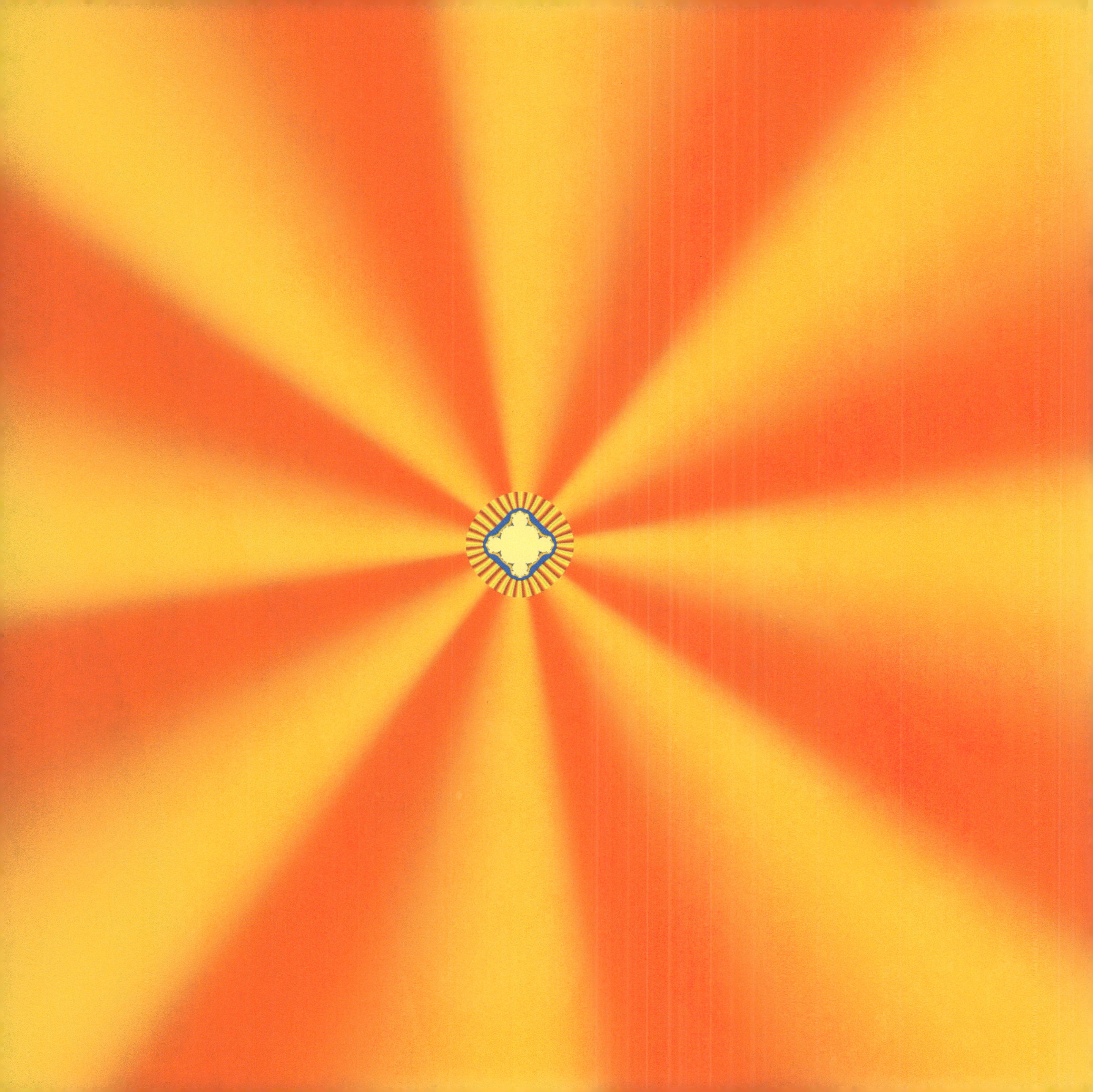

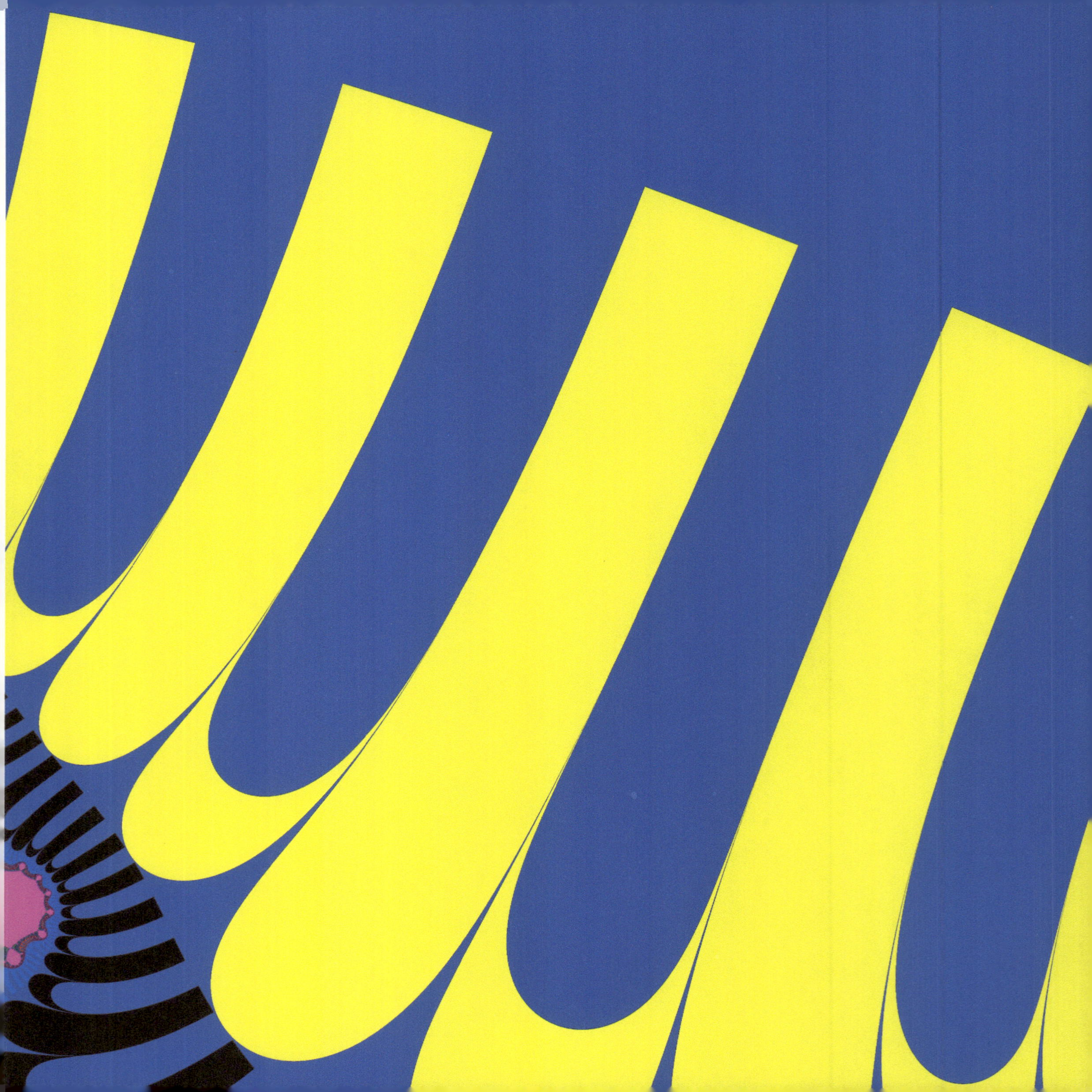

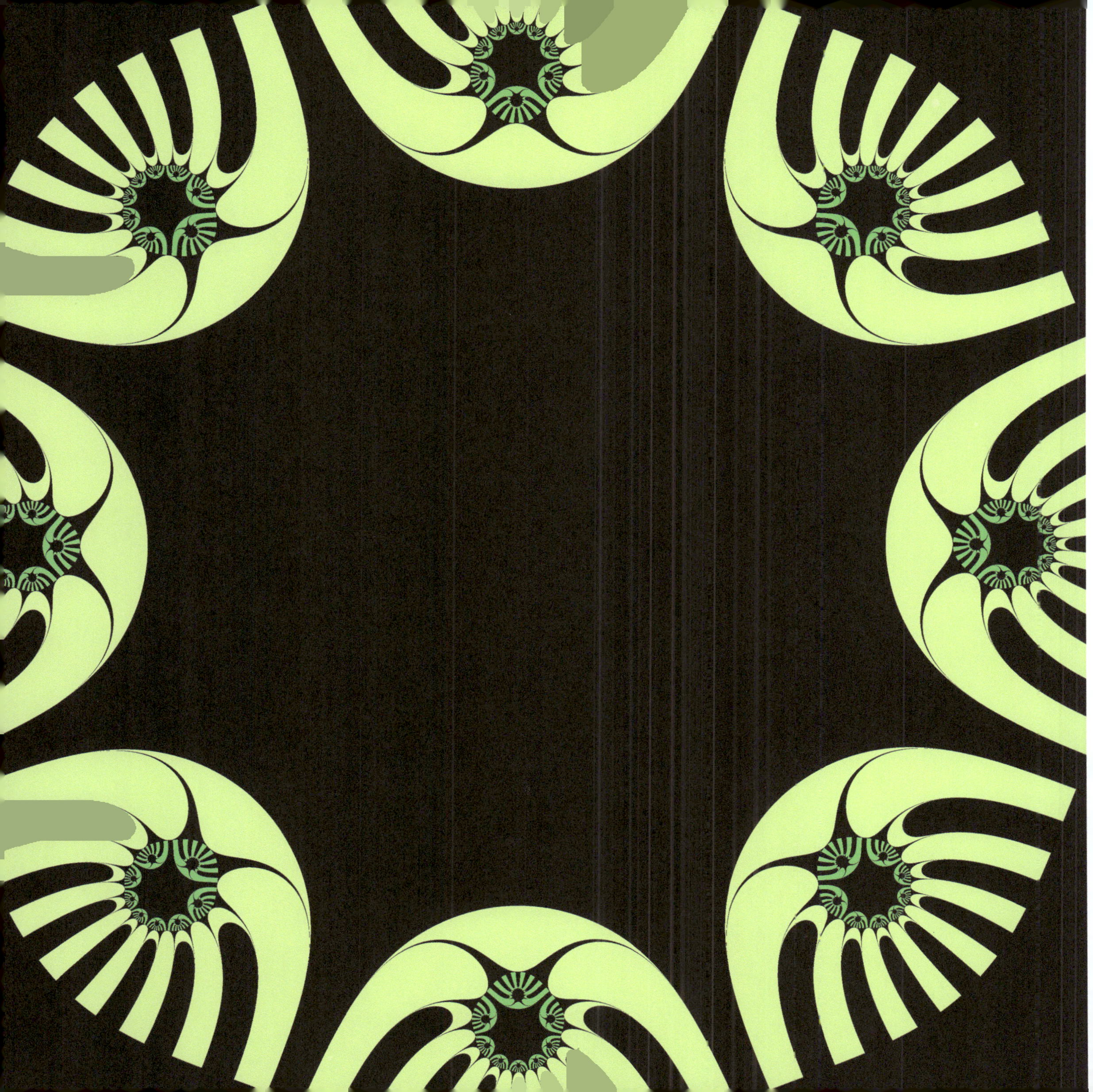

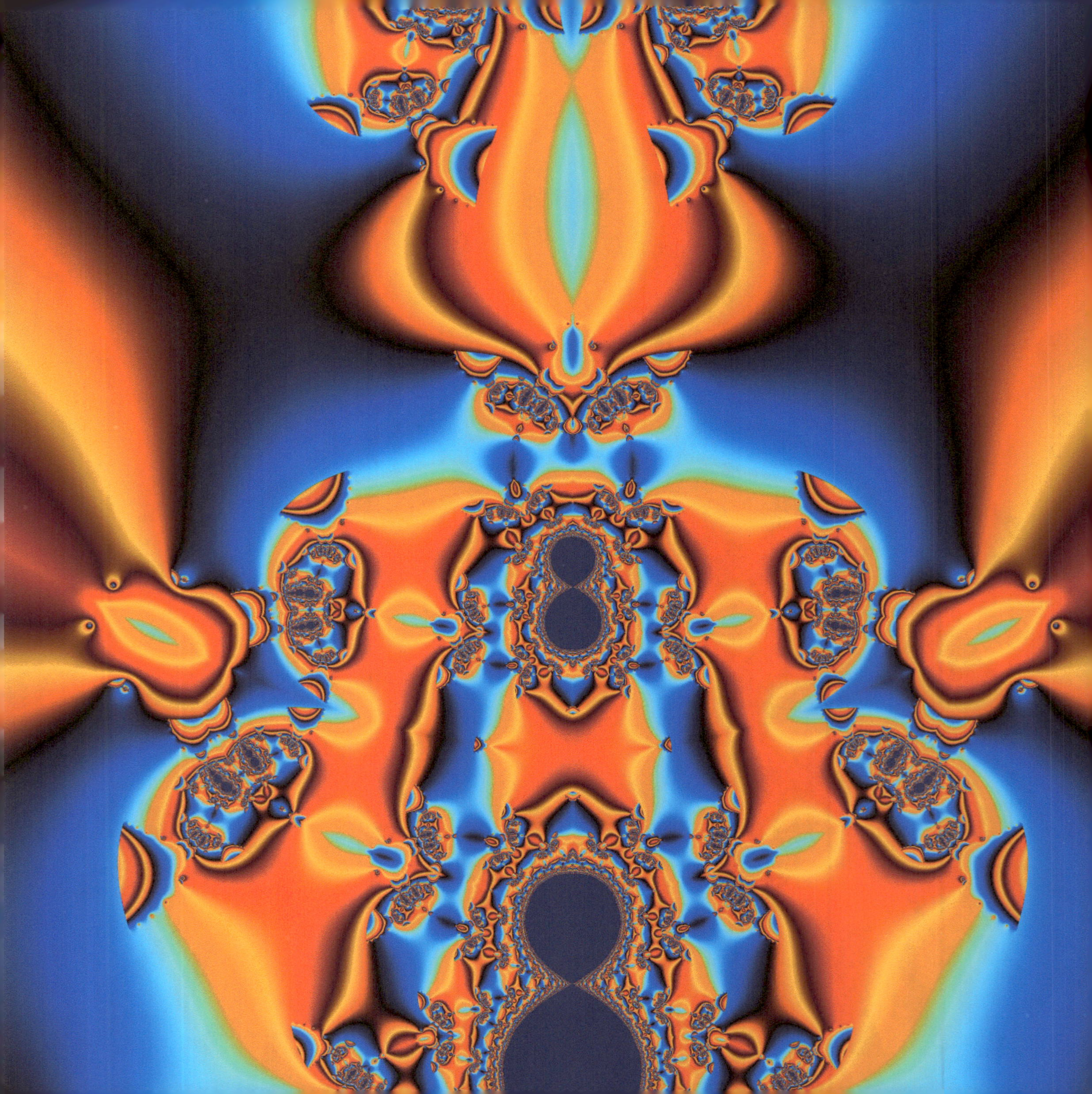

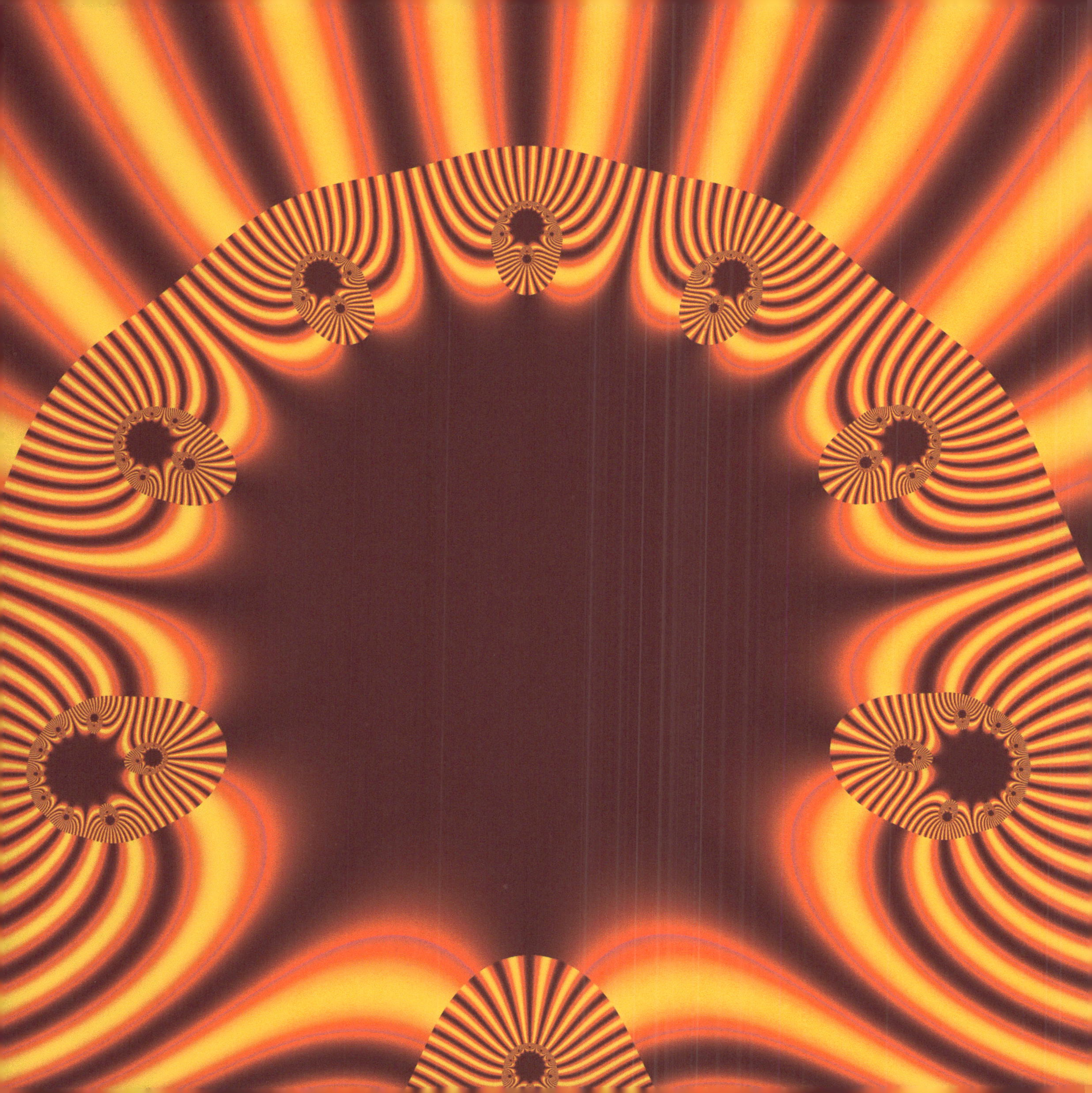

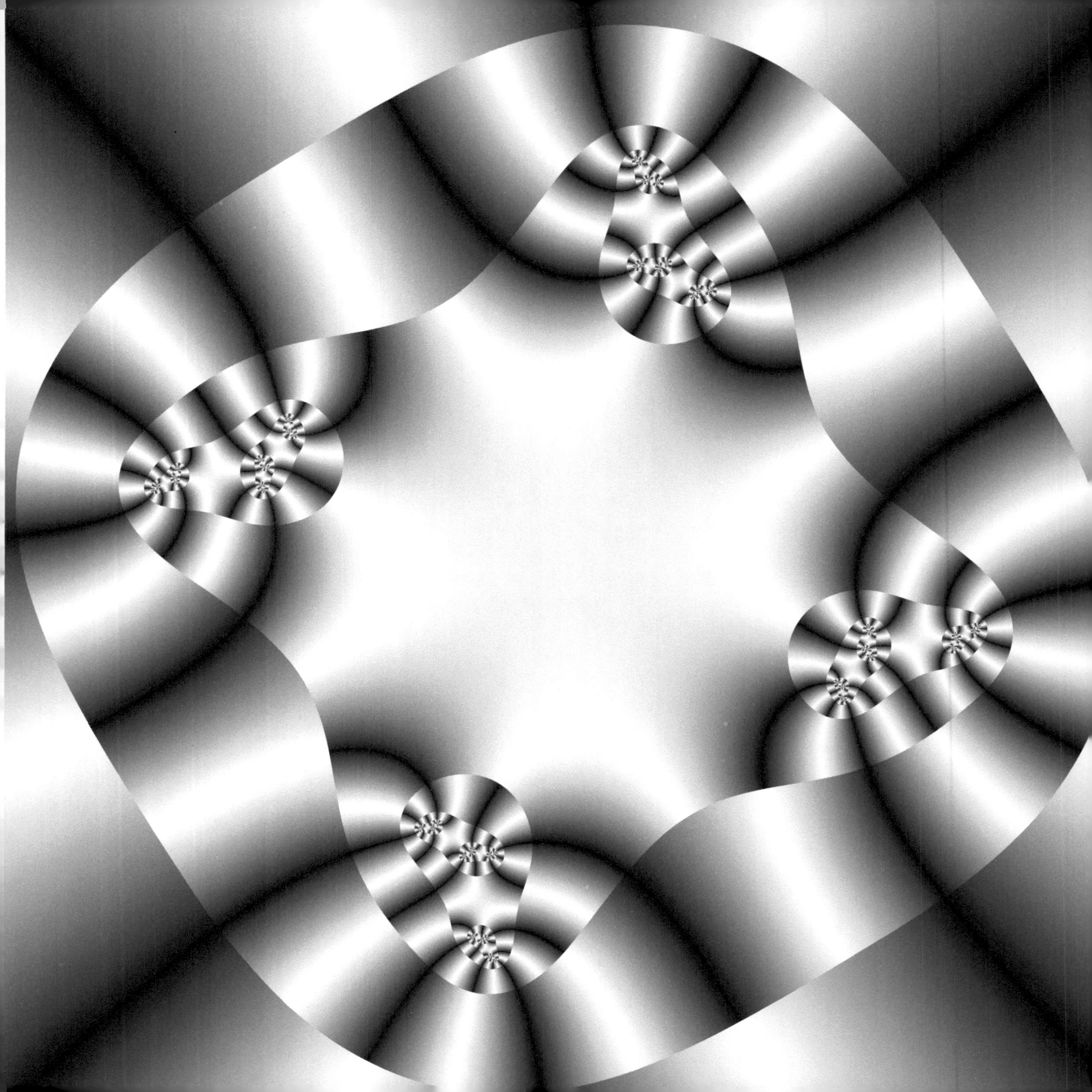

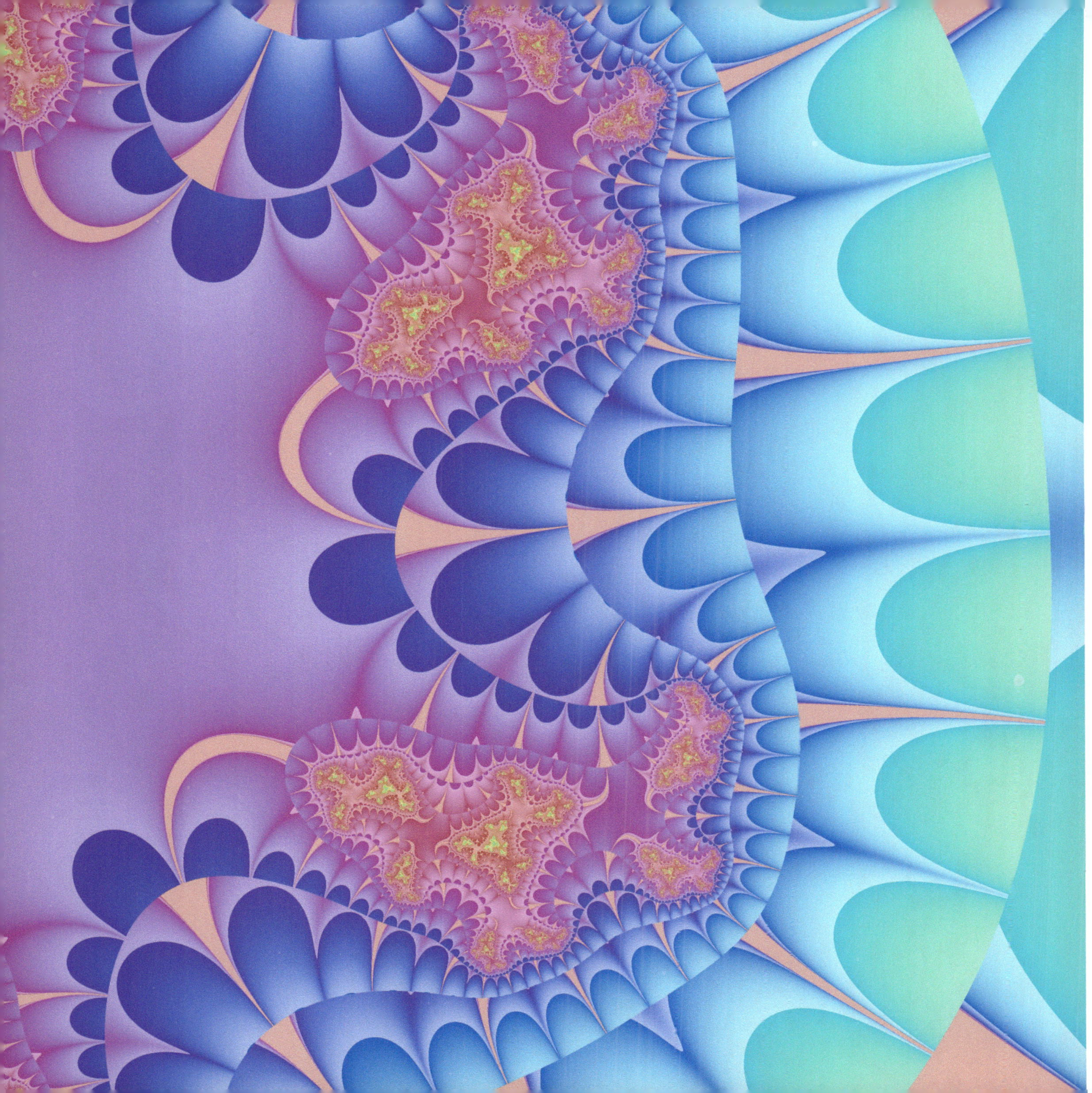

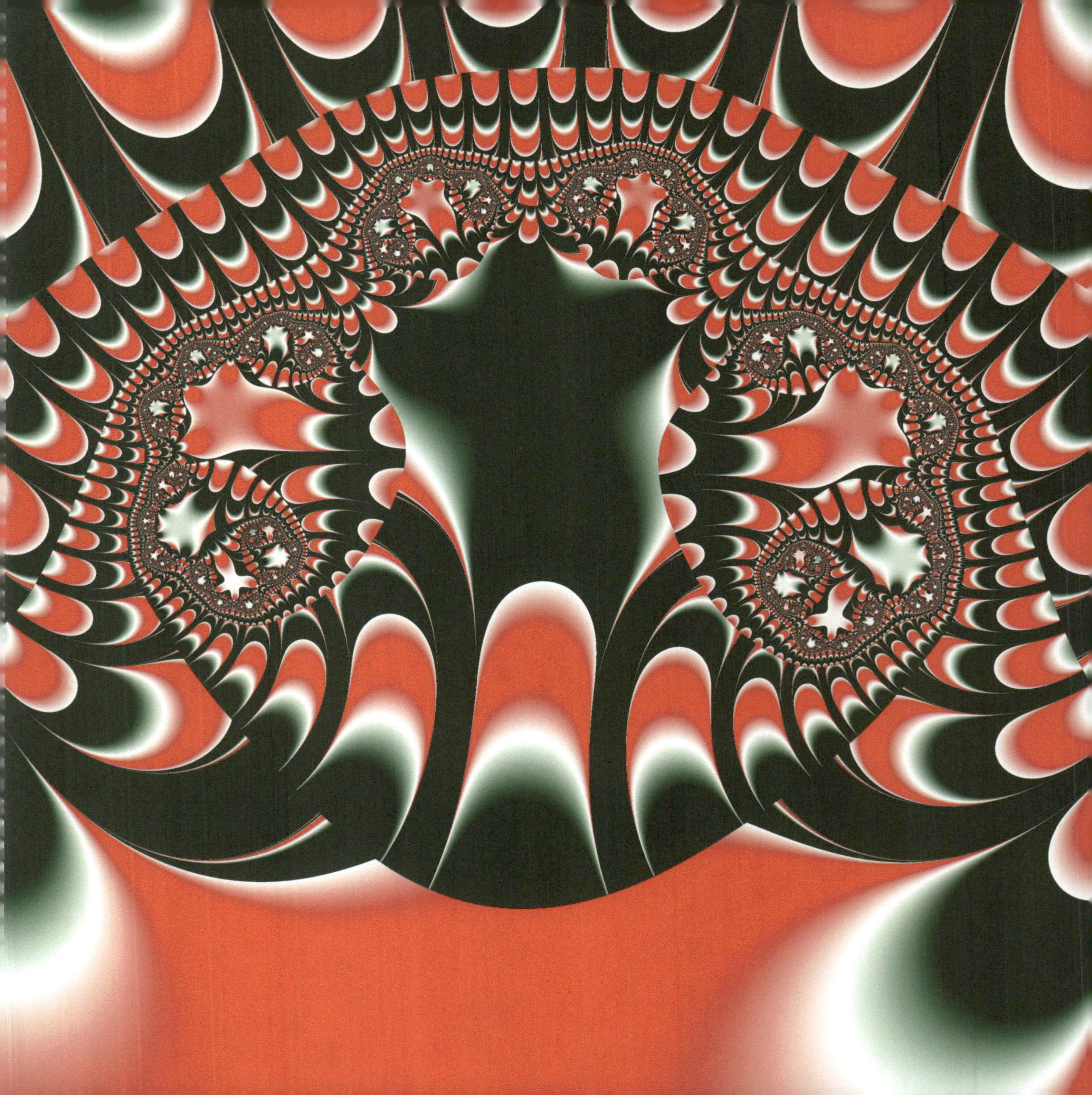

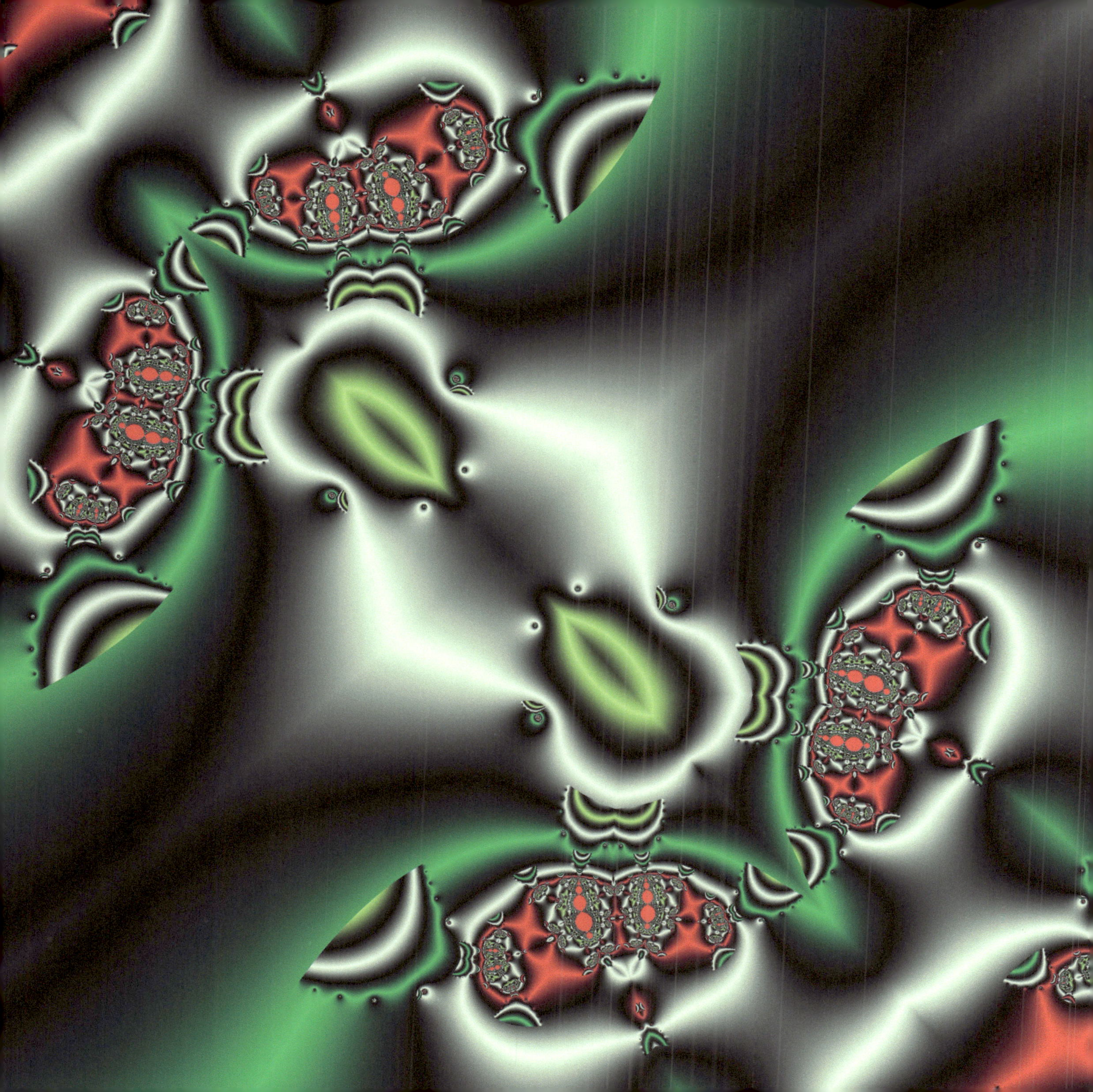

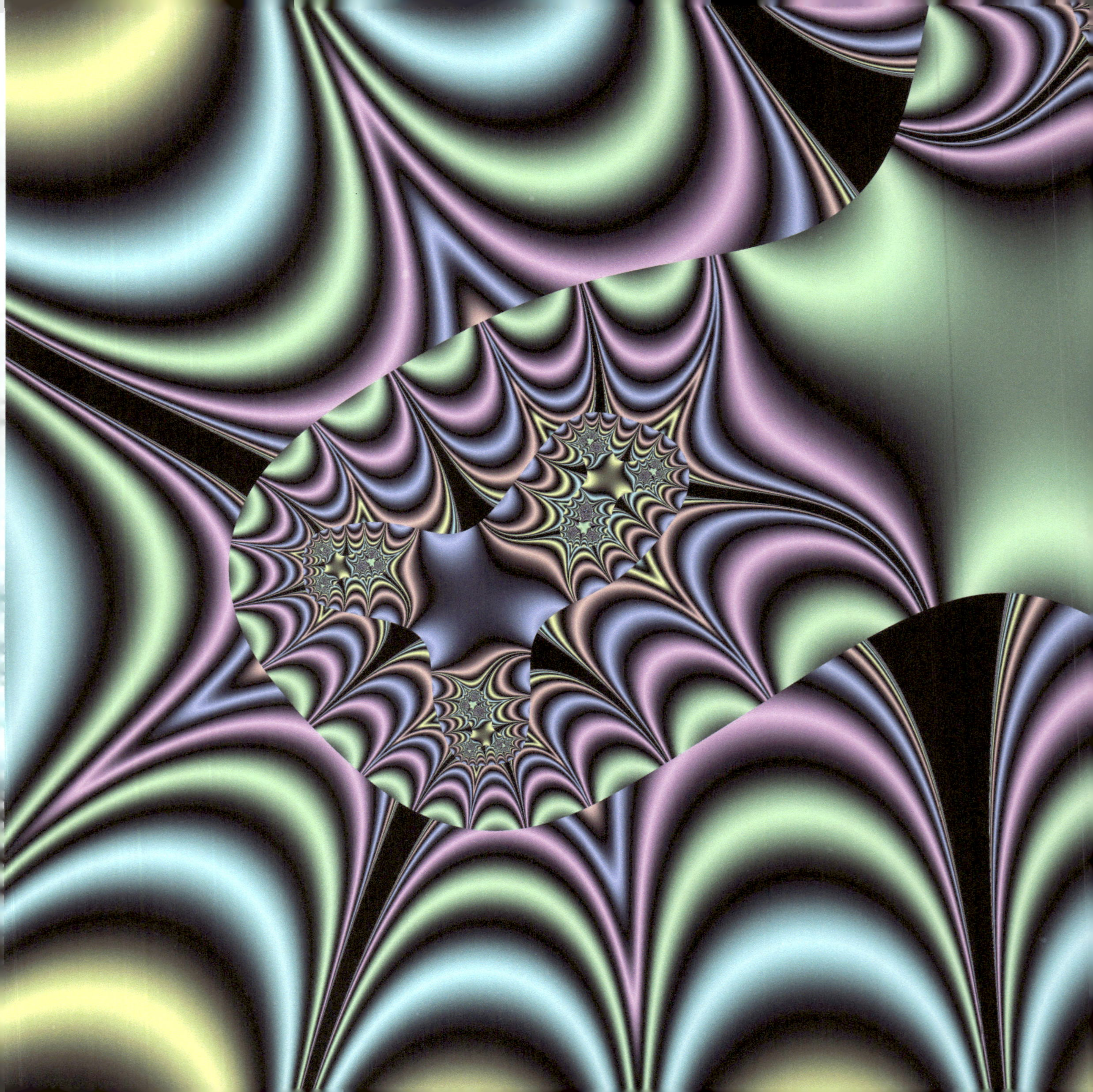

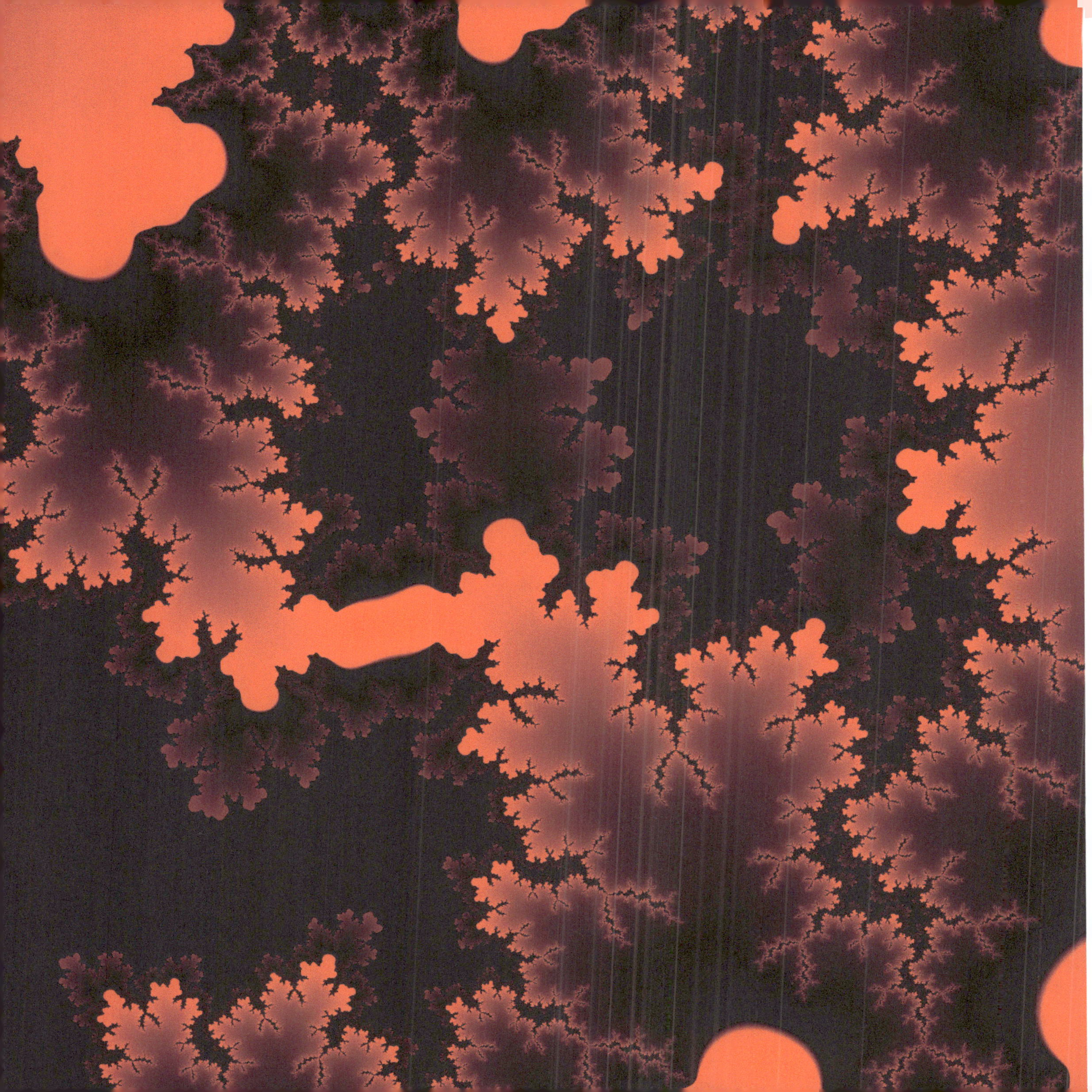

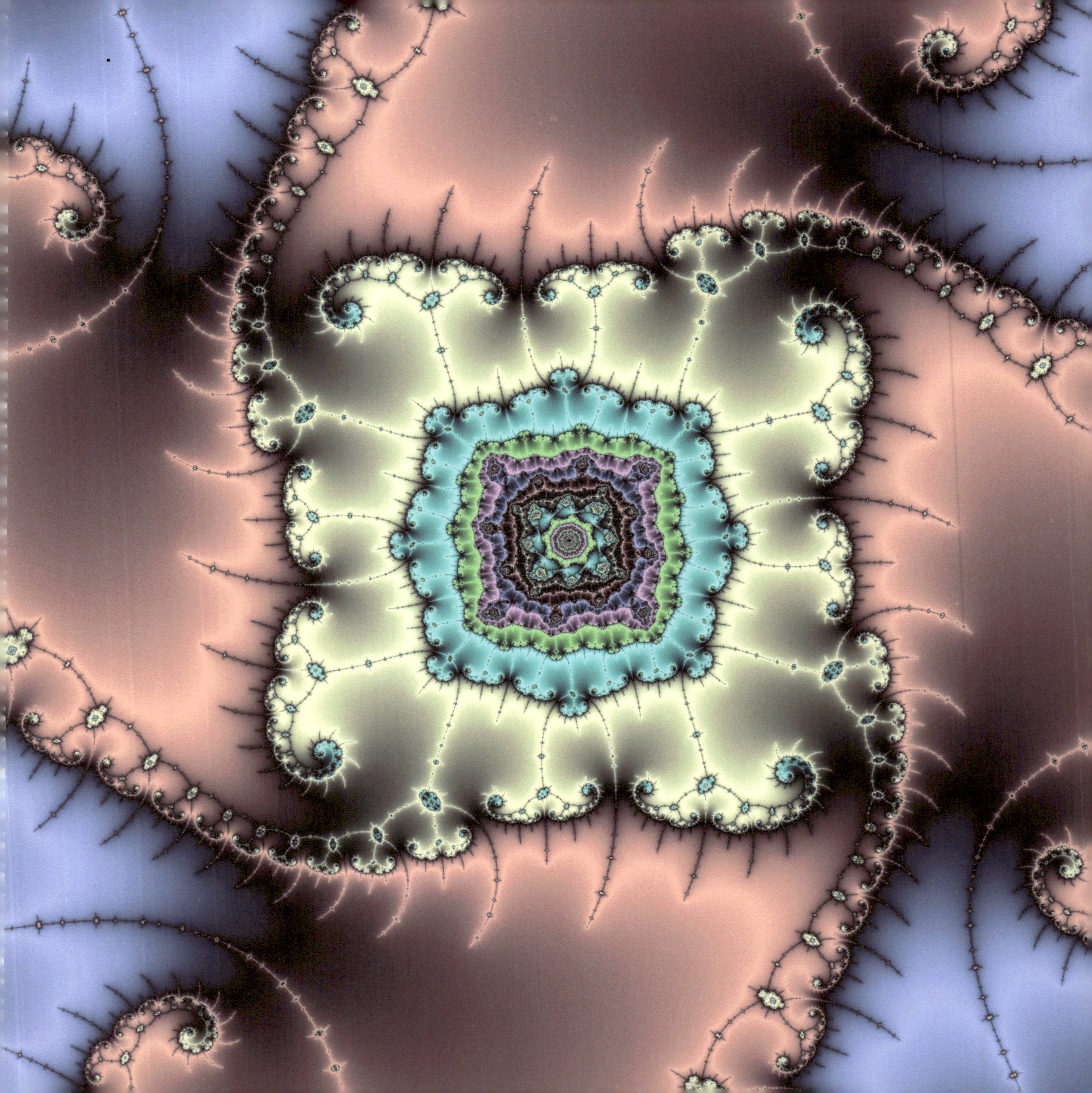

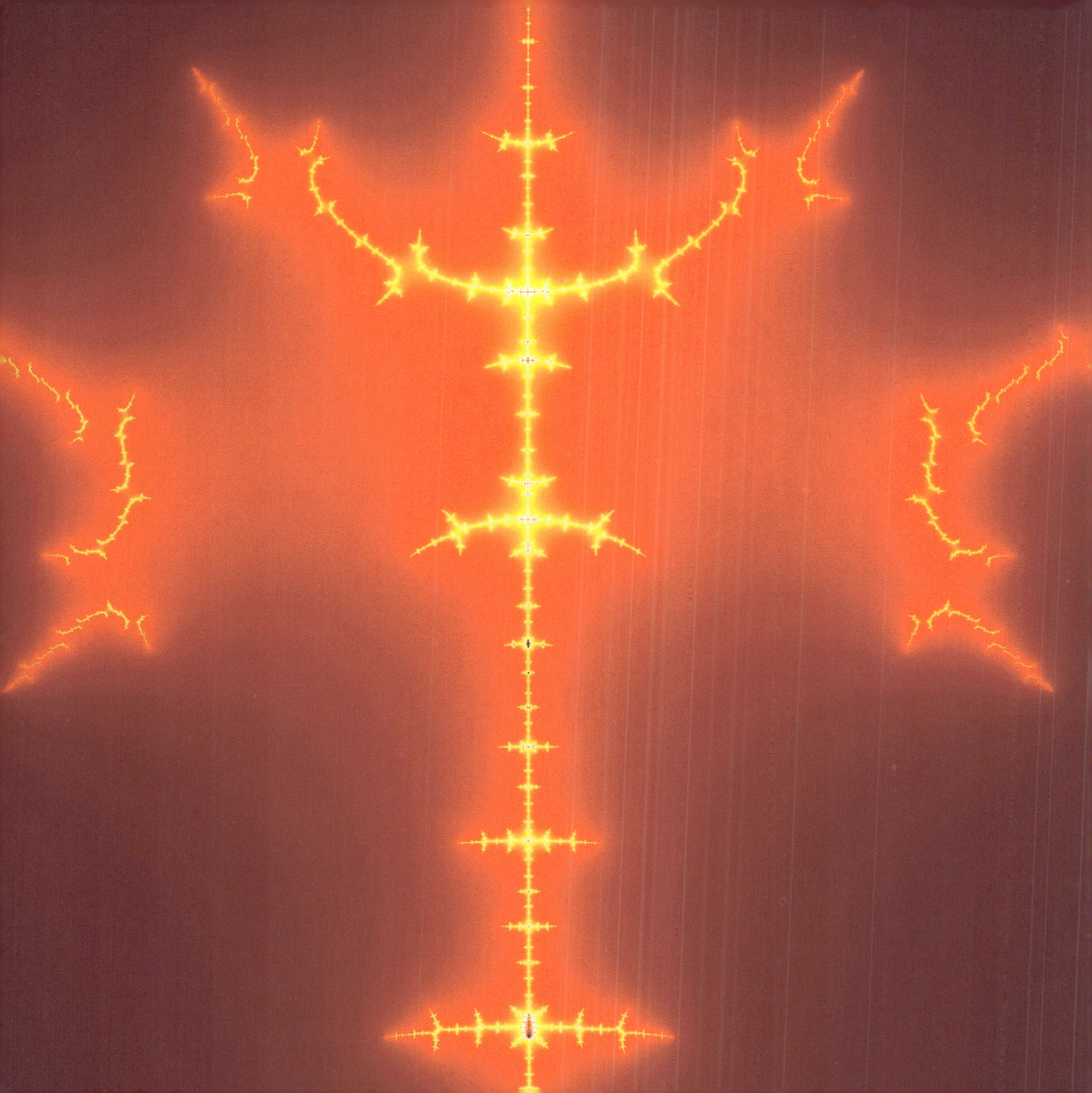

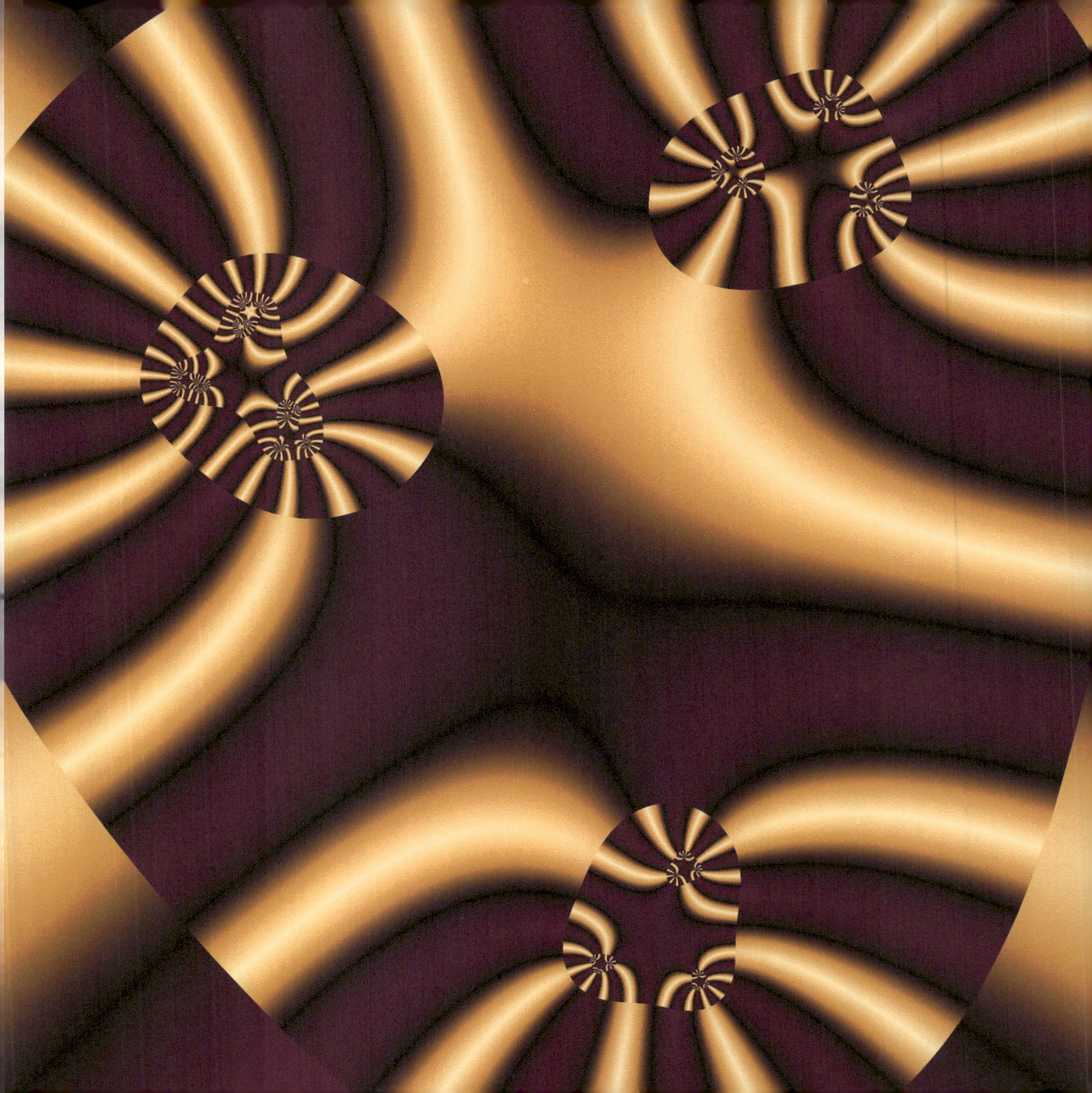

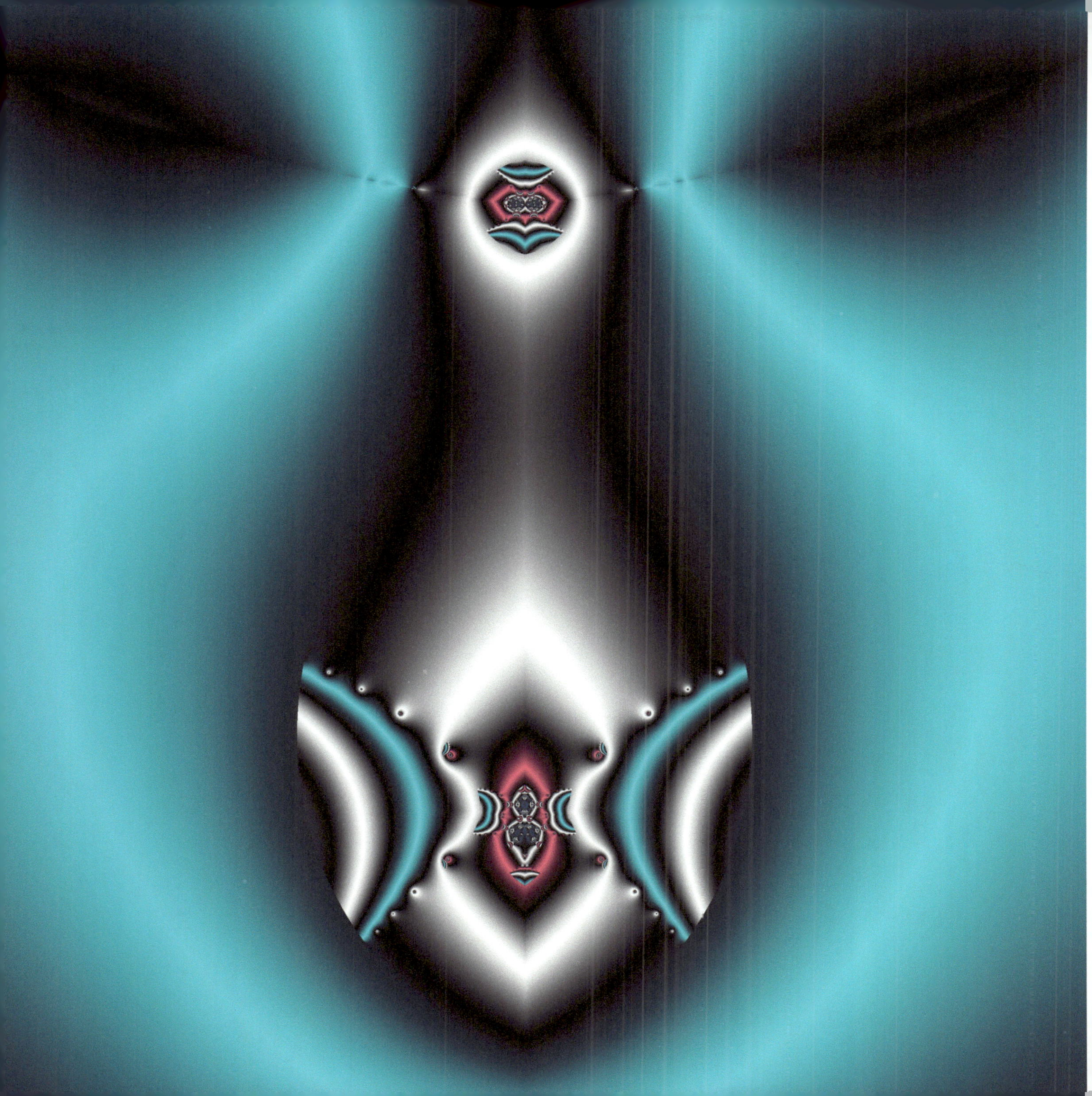

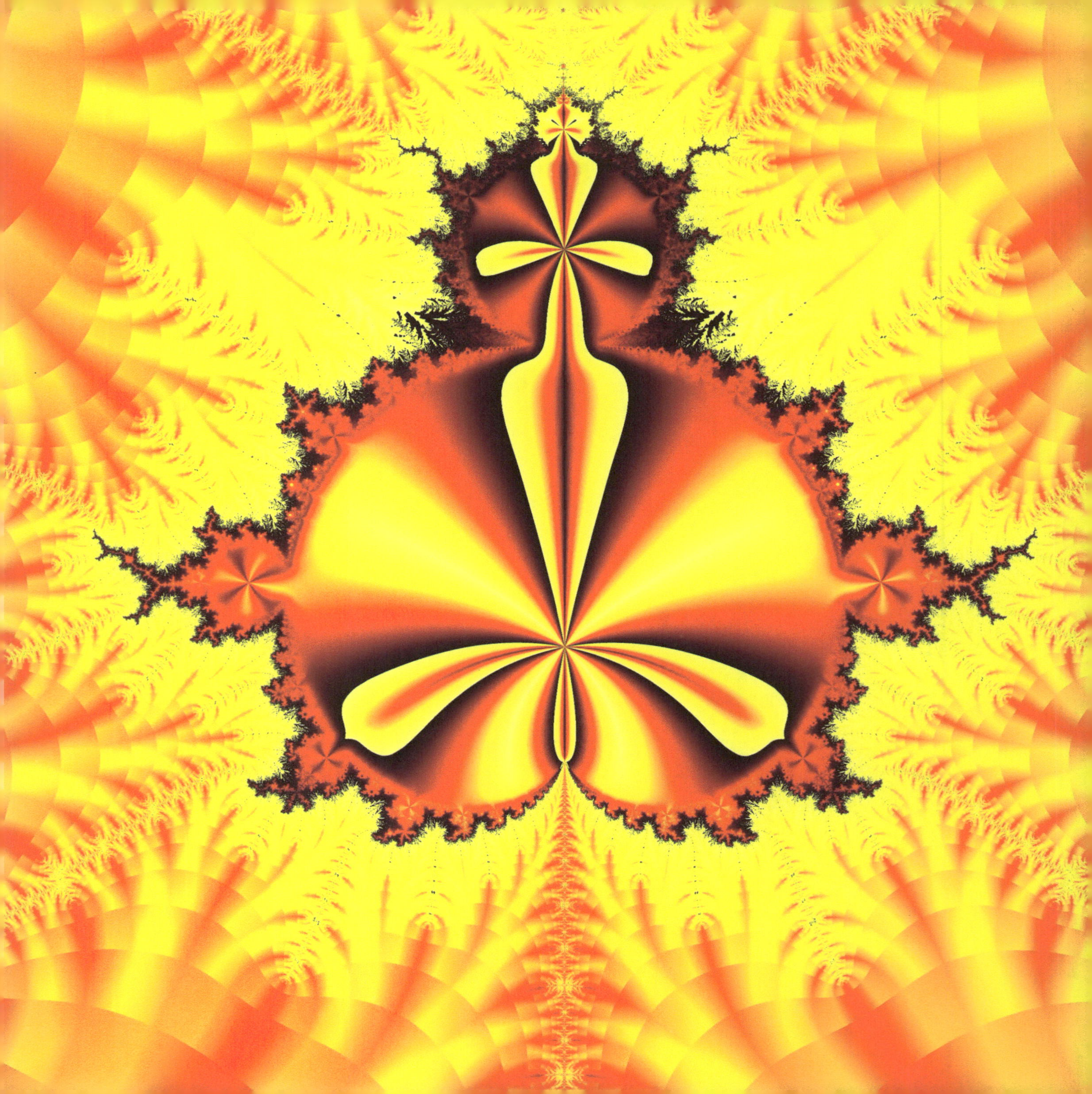

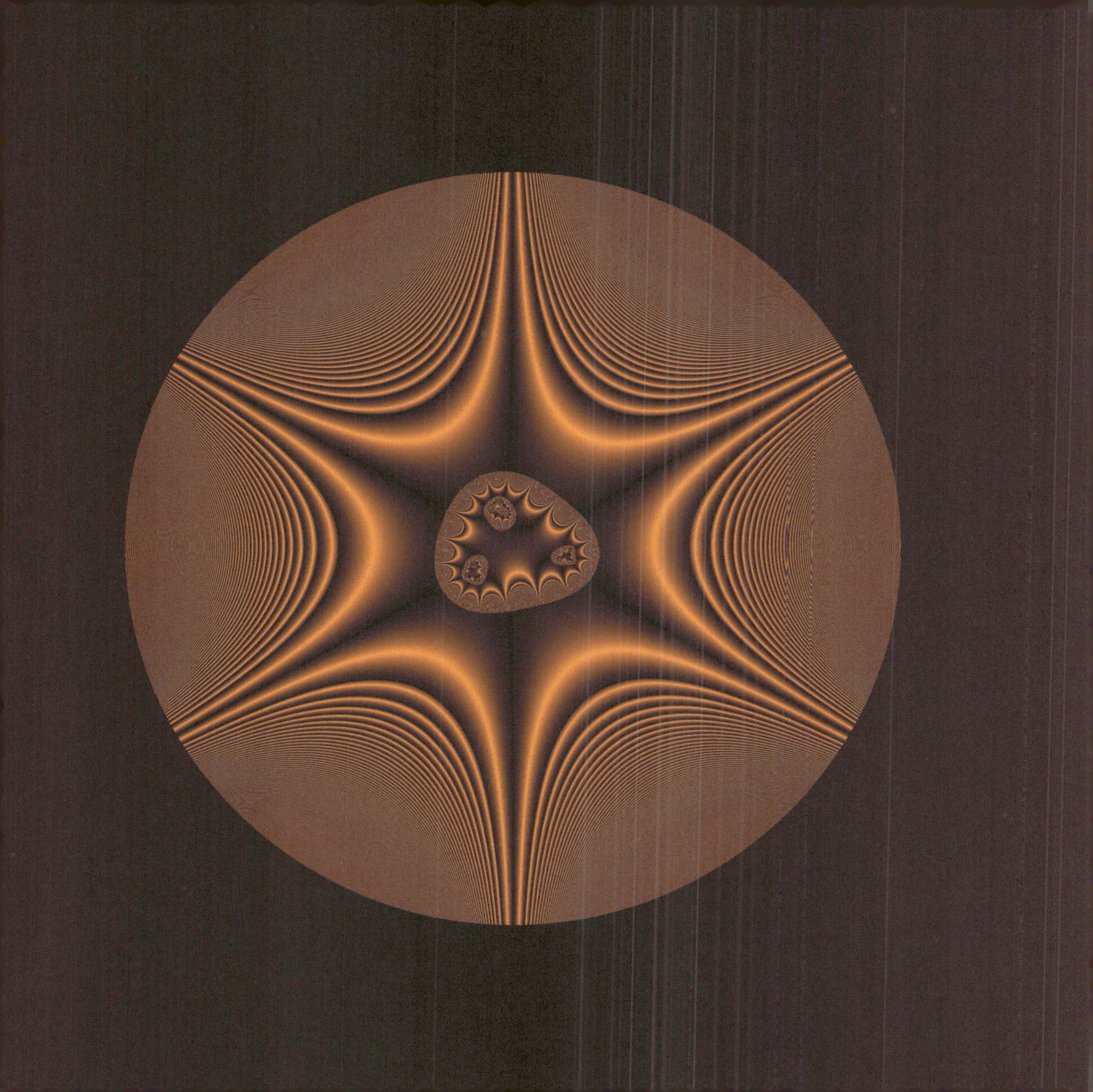

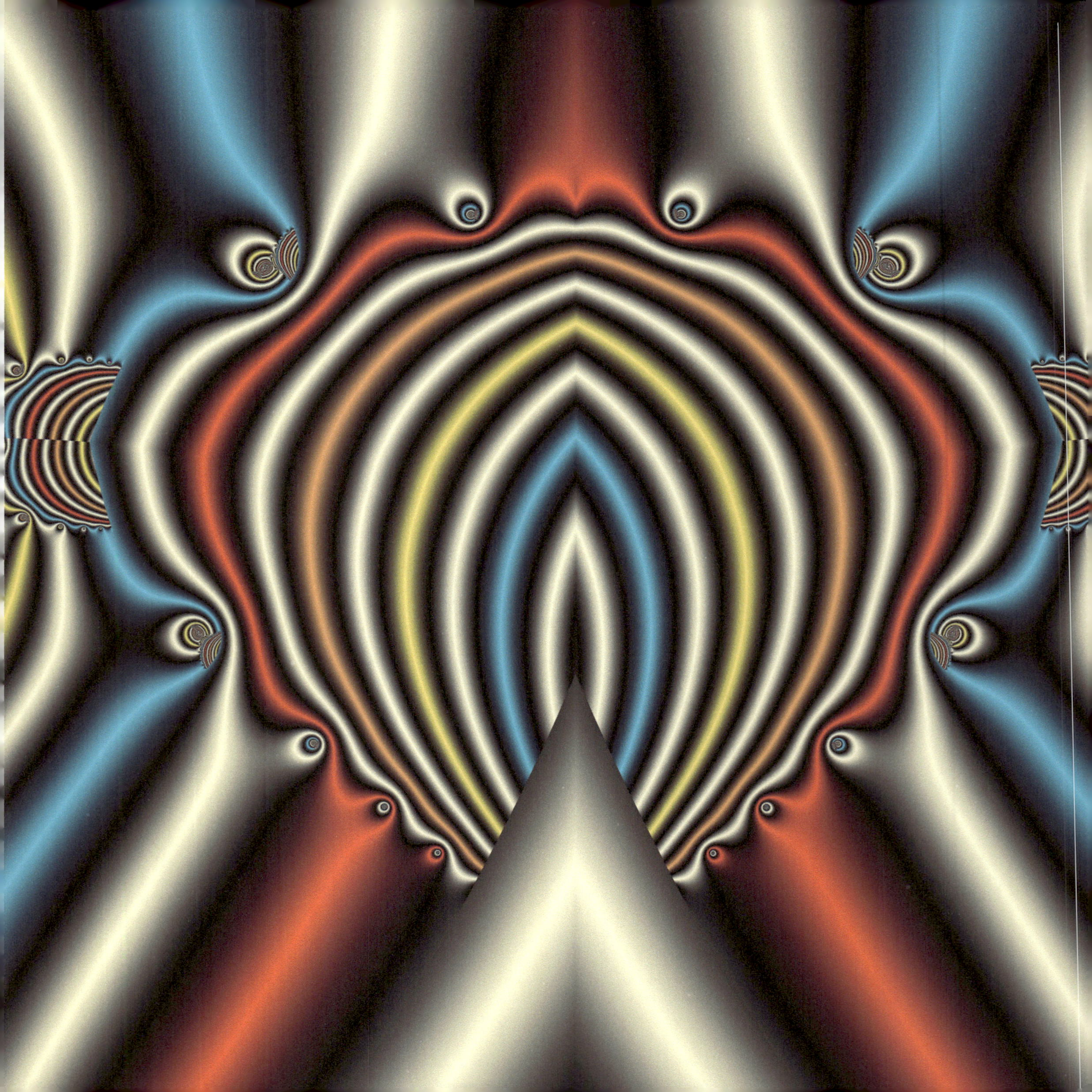

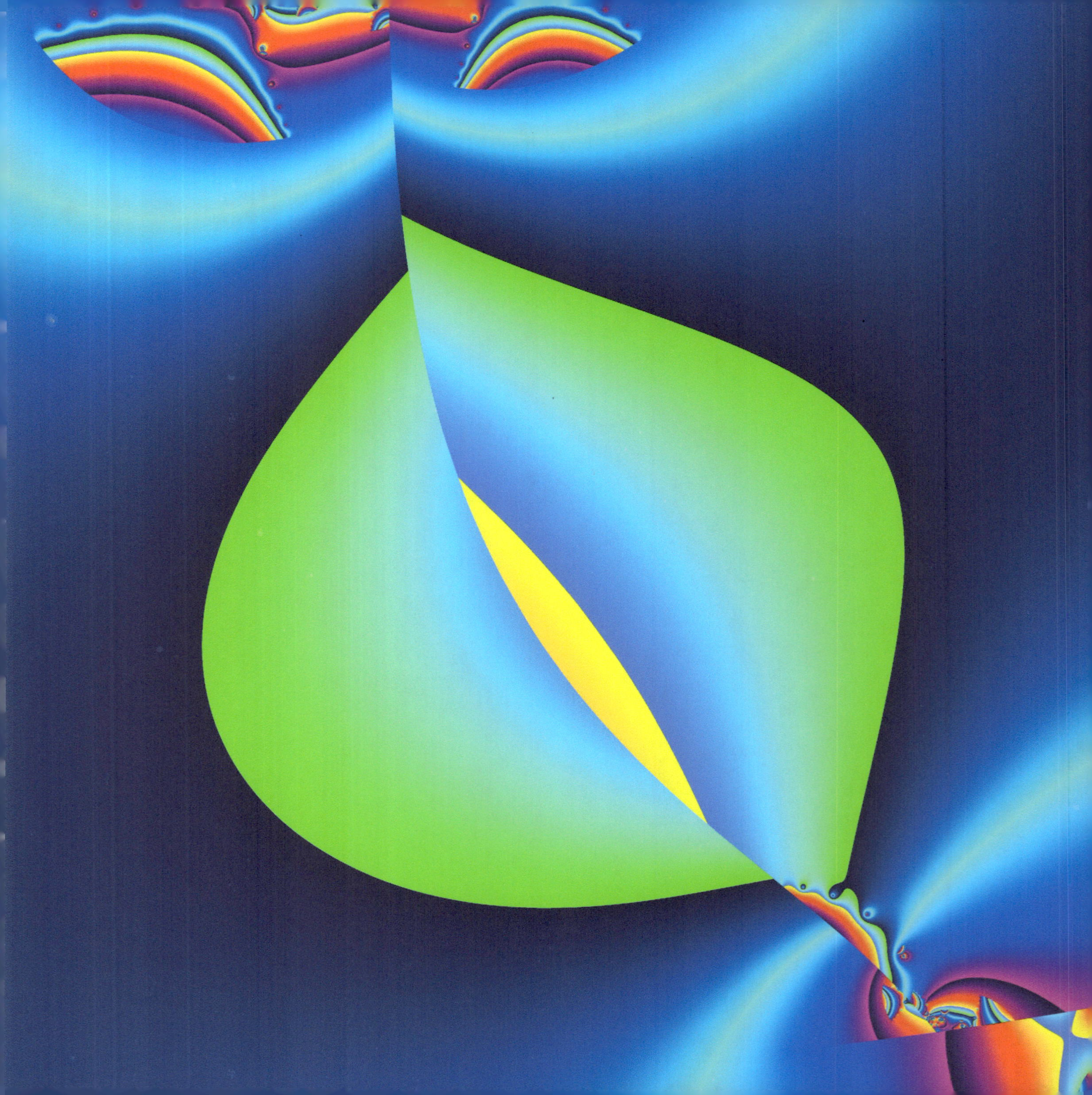

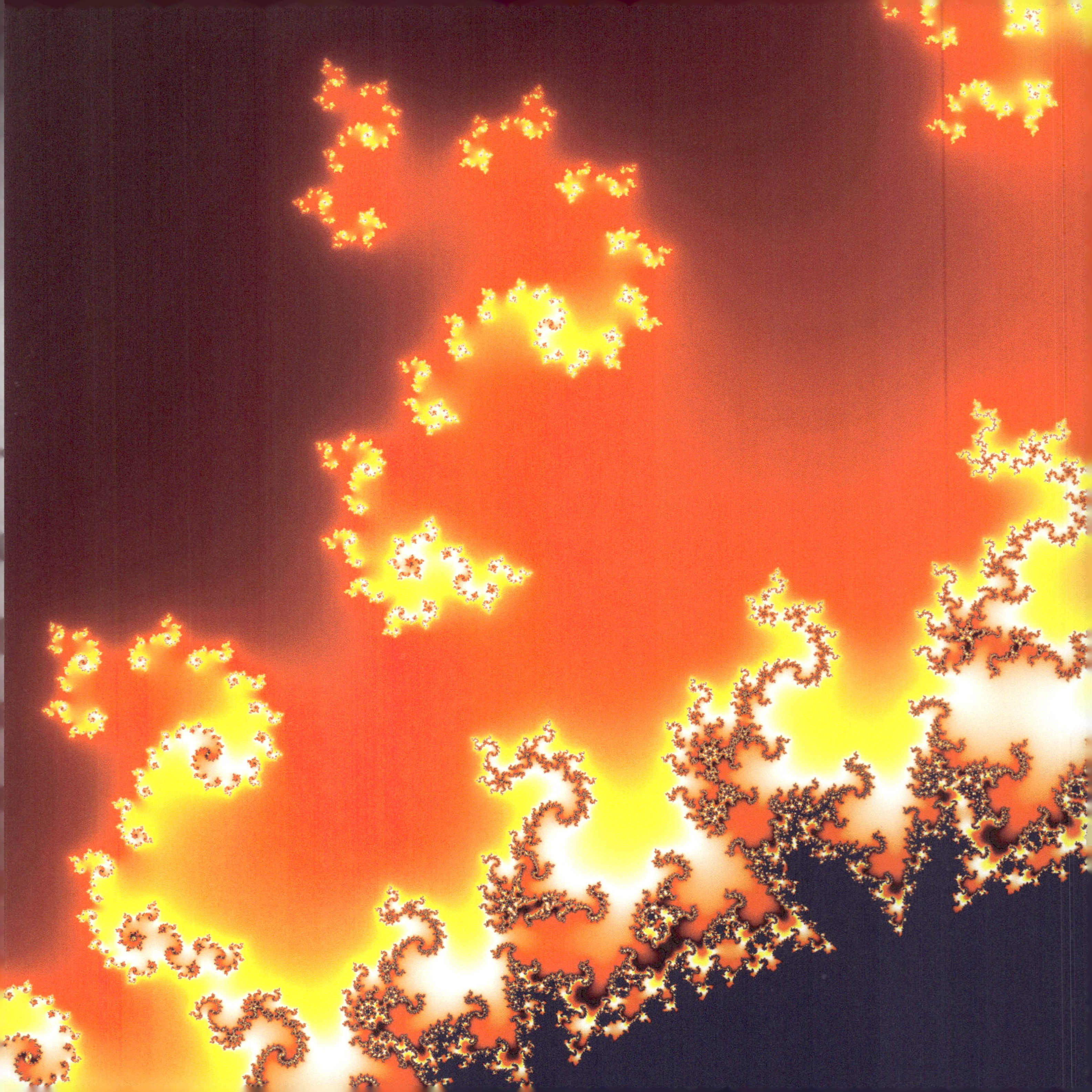

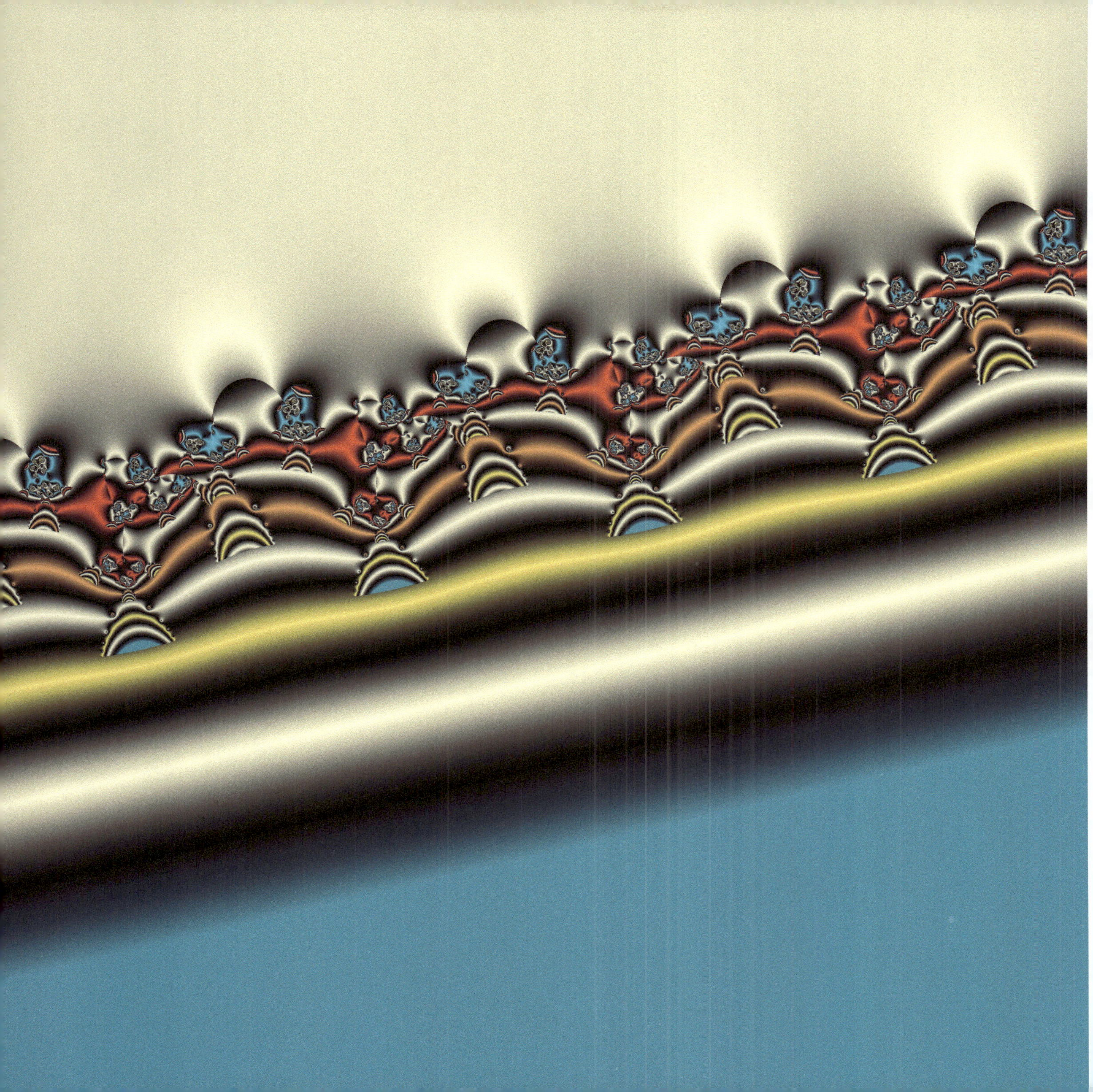

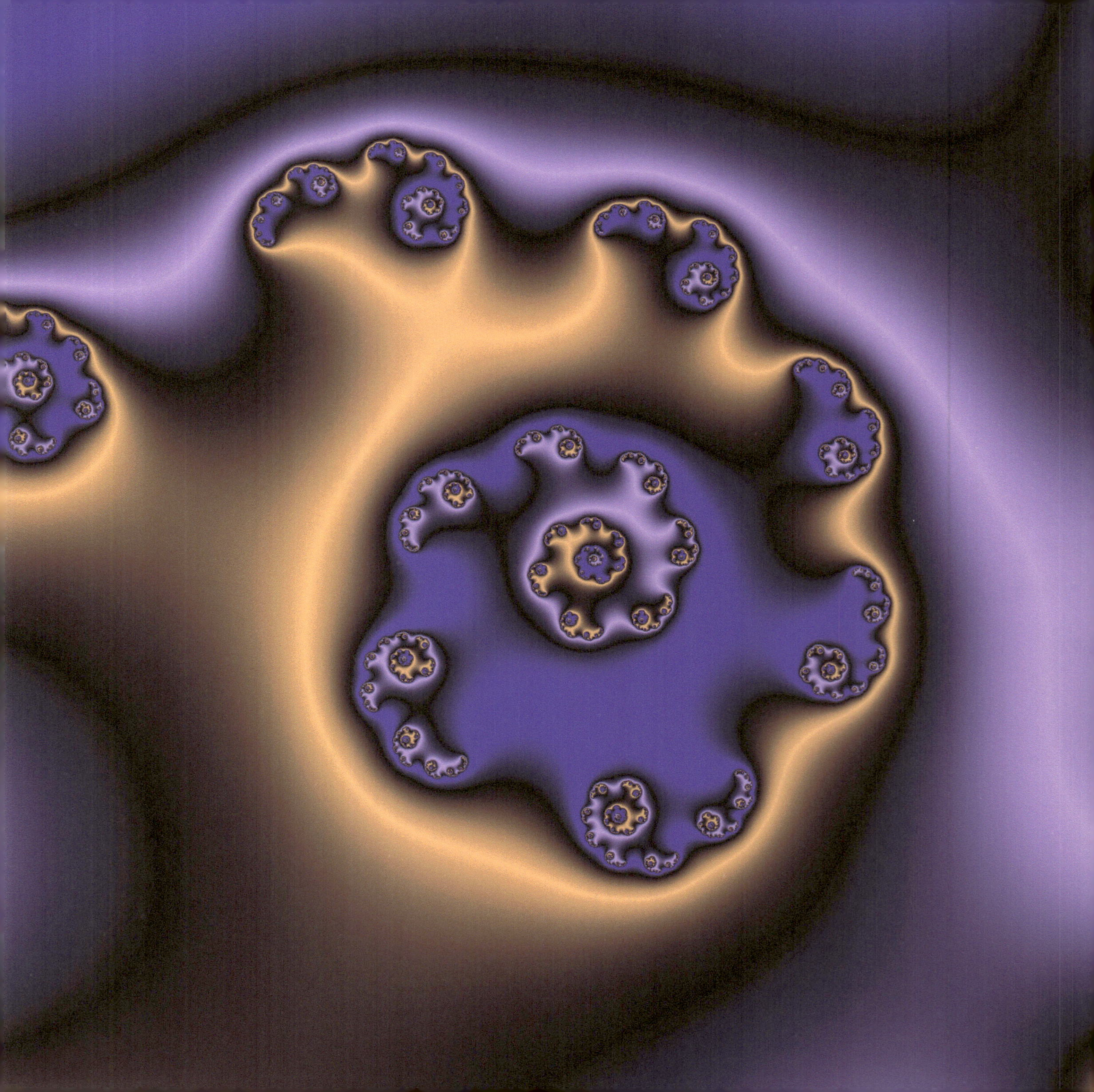

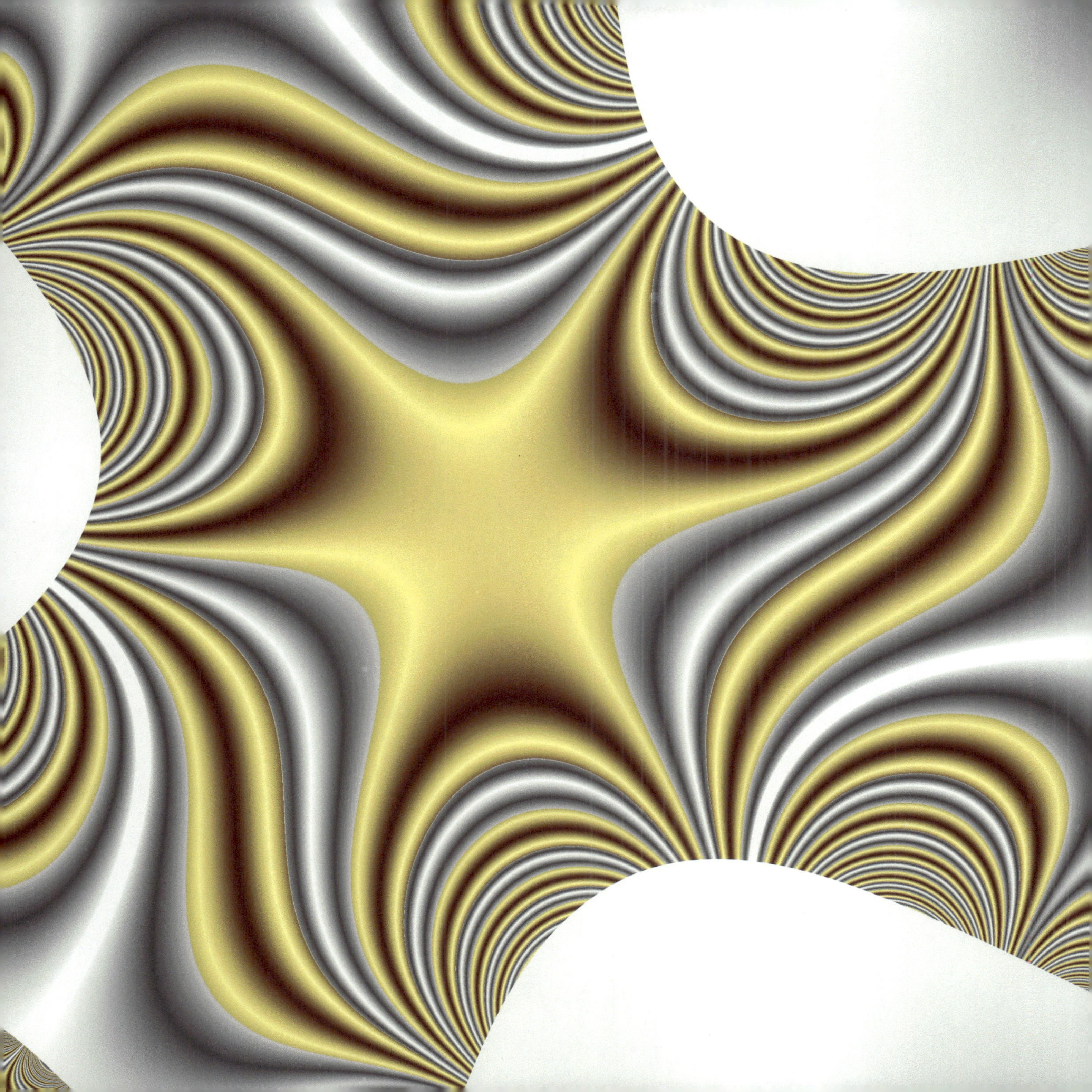

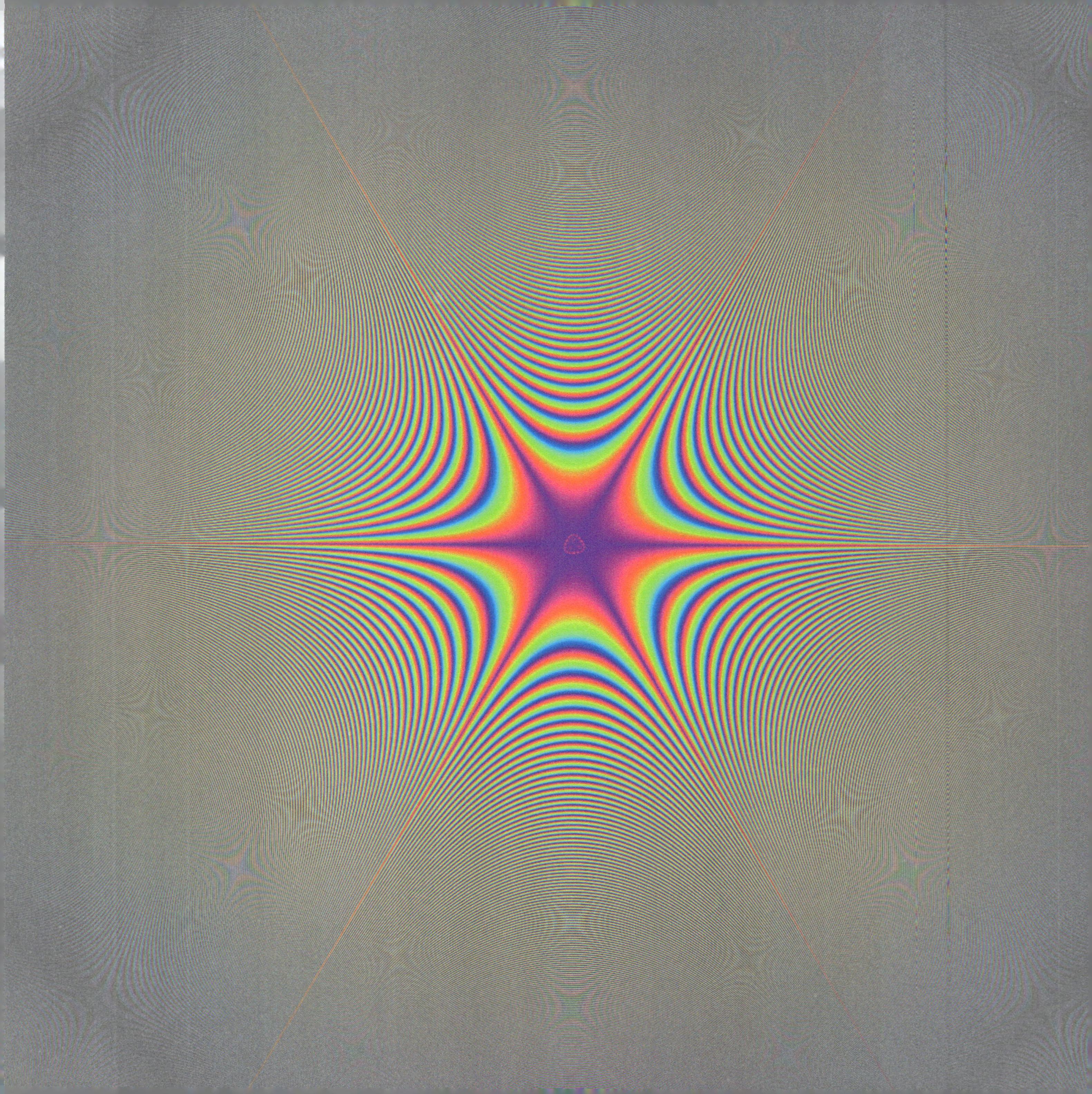

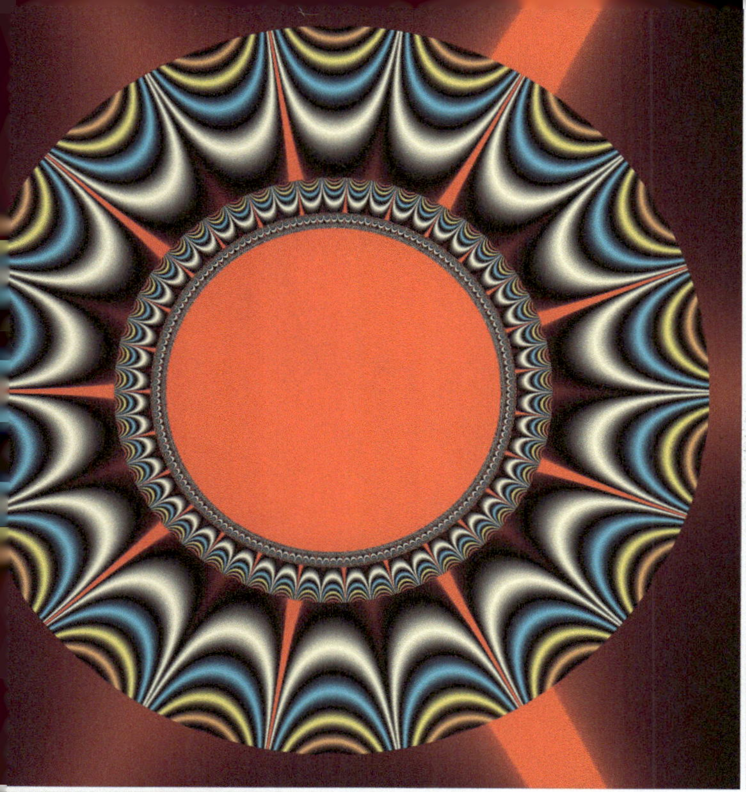
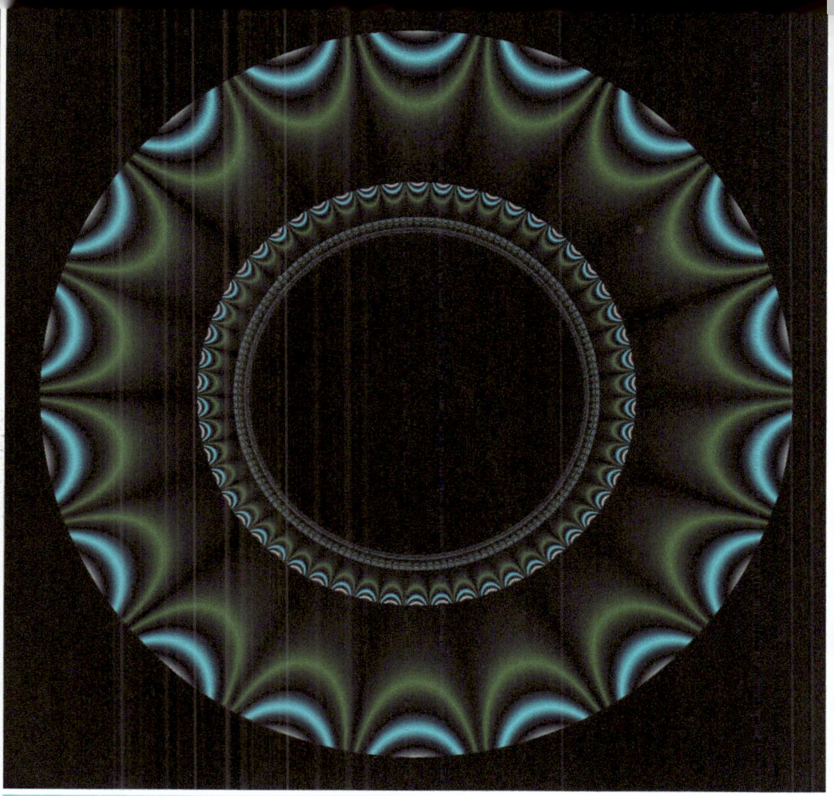
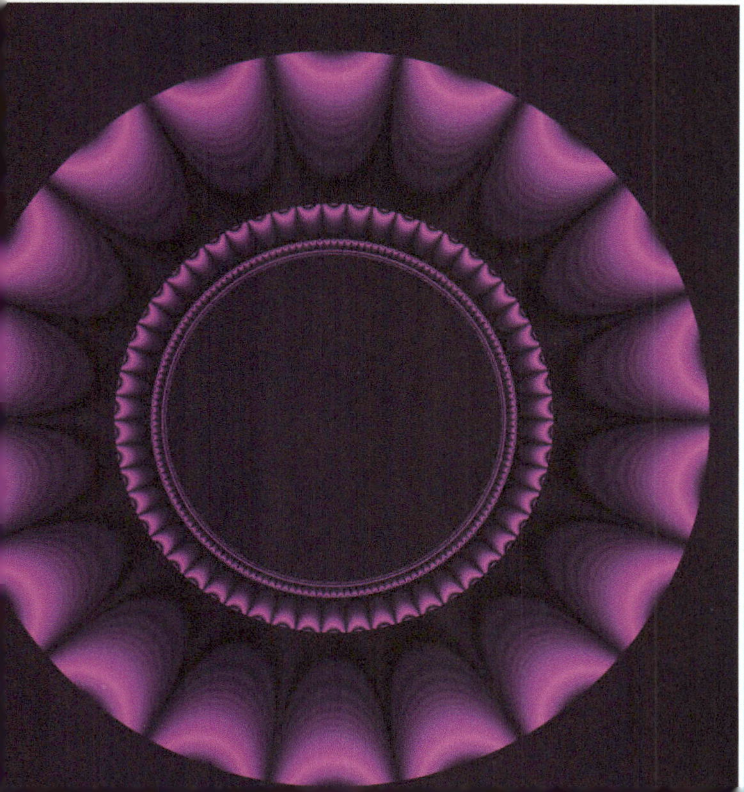
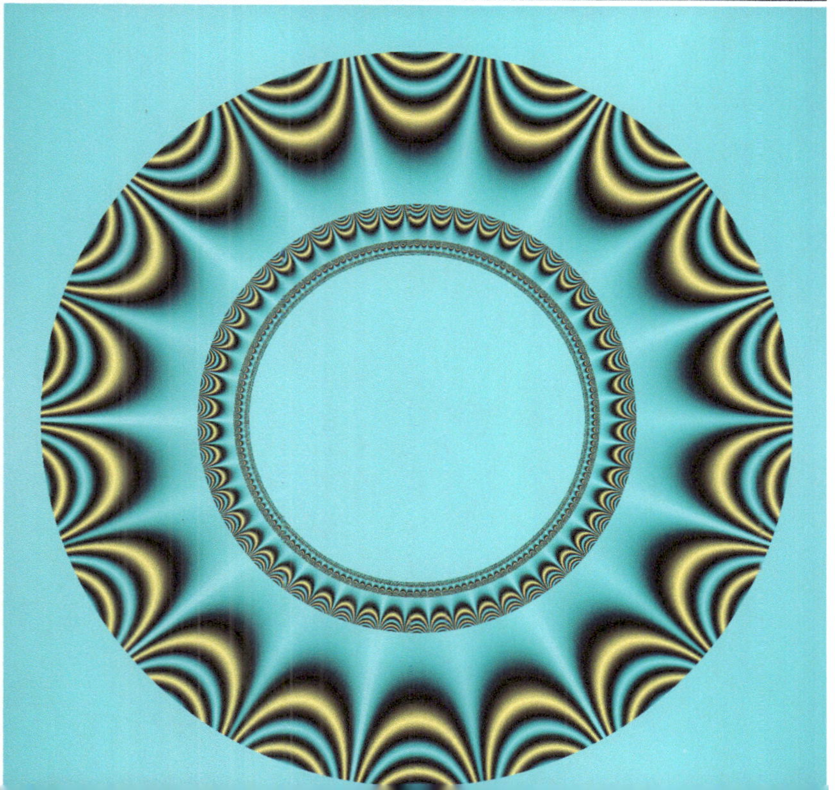

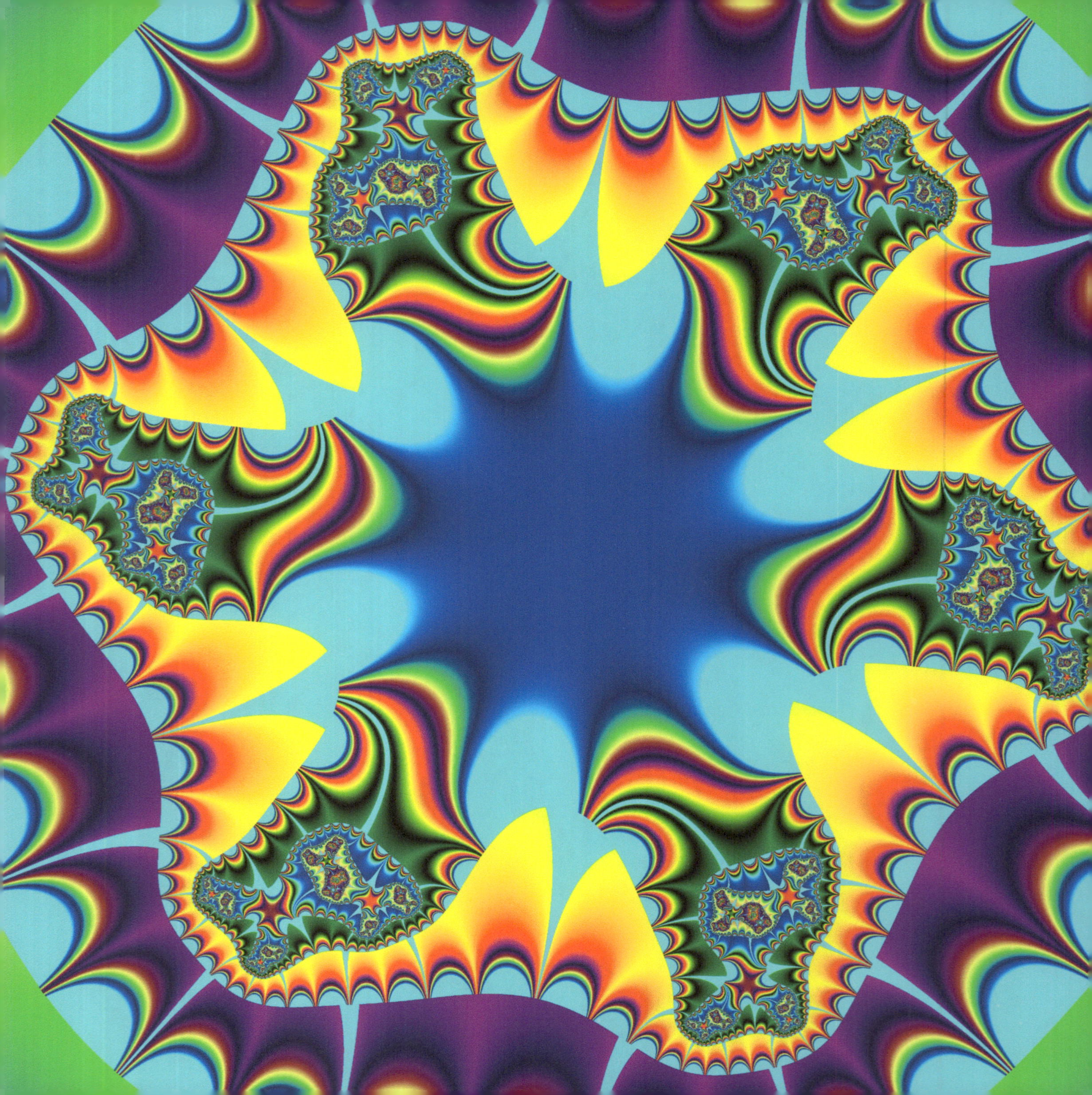